Blick in die Schweiz.

Von

August Wilhelm Iffland.

Leipzig,
bey Georg Joachim Göschen,
1793.

Herrn

Hofrath Forster

gewidmet.

Meiners Briefe über die Schweiz erschöpfen fast alles, was darüber zu sagen ist. Ich kann also nicht glauben, daß mein Blick in dieses Land etwas Neues sage; ich kann das, was ich gesehen habe, auch nicht schön wieder geben: dennoch hoffe ich, daß die Erzählung von dem Vergnügen, was ich empfunden habe, manchen Lesern nicht unangenehm seyn werde, und zwar aus folgenden Gründen.

Eine Reise in die Schweiz war lange meine Lieblings-Idee. Es war der Lohn, den ich mir gewählte, in Augenblicken, wo ich mit mir zufrieden zu seyn Ursache hatte. Allein, niemals konnte ich dazu Zeit finden. Auch war vorher zu sehen, daß ich nie mehr als vierzehn Tage dazu würde erlangen können, und diese nur in der Charwoche, wo ohnehin die Bühne geschlossen wird. Indem ich mich nun mit dem Plane beschäftige, wie ich endlich dieses Jahr jene Zeit dazu verwenden will, fällt die Trauer um das Absterben des Kaisers Leopold ein, und dadurch erhalte ich noch einige Tage zu der Charwoche, so daß ich vom achtzehnten März bis zum vierten April abwesend seyn konnte.

Ich habe viele Reisebeschreibungen gelesen, um zu wissen, wie ich diese wenigen Tage so brauchen könnte, daß auch kein Augenblick verloren ging. Aber die sie geschrieben haben, waren alle so glücklich, mehr Zeit gehabt zu haben als ich — und ich fand mich in Ansehung der Zeit nicht genau belehrt. Mein schätzbarer Freund, Kammerrath Greuhm zu Dürkheim, der zweymal diese Reise mit Herz und Geist gemacht hat, theilte also seine Erfahrung mit mir. Denselben Tag, als die Trauer angesagt wurde, den sechzehnten März, reisete ich zu ihm. Die Charte von der Schweiz, seine Reisehefte und mehrere Reisen zur Hand, setzten wir uns zusammen hin, den Reiseplan zu entwerfen. Es wurde vorausgesetzt, daß ich einen Tag in Donaueschingen, und einen in Stuttgart, auf der Rückreise zubringen wollte. — Ehe dieser Plan gewählt und angenommen wurde, kostete es manchen Kampf, manchen Seufzer über Entsagungen. Einmal schlug ich vor — und mein Freund erinnerte an die Kürze der Zeit. Dann hatte ich mir versagt — und die erwachenden Gefühle genossener Wonne rissen meinen Freund hin, mich weiter führen zu wollen. Da schob sich dann unbemerkt der Kalender in die Hand — wir schwiegen, sahen uns an — und endlich ward folgender Plan festgesetzt, und nach Tagen berechnet, daß er auszuführen sey, wenn ich mich nicht verleiten lassen wollte, aus der vorgeschriebenen Ordnung zu gehen.

Von Mannheim über Rastadt, Offenburg, nach Basel. Von da durch das Münsterthal, über Biel, Nitau, Arbergen nach Bern. Von Bern auf Luzern über den Alpis auf Zürch. Von Zürch über Schafhausen, Donaueschingen, Stuttgart, zurück nach Mannheim.

Damit ich der Eintheilung meiner Zeit recht sicher seyn möchte, so wurde festgesetzt, was in jedem Ort mehr oder minder merkwürdig ist. Hierüber schrieb ich meinen Plan nieder, und, mit den besten Wünschen der treuen Freundschaft begleitet, fuhr ich den 17ten März nach Mannheim zurück, ordnete meine Sachen, um den 18ten früh abreisen zu können. Ich hatte das Vergnügen, daß Herr Beck und seine Frau, einen Theil der Reise mit mir machten. Da sie aber von Basel ab einen andern Weg gehen wollten, und ich ohnehin nicht allein war, so hatten wir jedes einen eignen Wagen.

Nun bin ich gewiß, daß viele in Deutschland, bey dem leidenschaftlichen Wunsche, die Schweiz zu sehen, weder mehr Zeit noch Geld dazu verwenden können als ich; daß sie dann, in der Ungewißheit, ob sie etwas beträchtliches sehen, und wie viel es kosten könne, die Reise ganz unterlassen. Für diese ist es, daß ich meine Reise schreiben und am Ende offen sagen will, wie viel sie mir gekostet hat. Ich nahm eine vierrädrige, viersitzige Halbchaise mit Felleisen vorn auf, und ich bin damit ohne Anstand überall mit zwey Pferden gefahren worden. Wir fuhren den 18ten früh um sechs Uhr aus Mannheim. Das Wetter, welches die ganze Zeit unbeständig und finster gewesen war, heiterte sich auf; es war ein klarer, blauer Himmel, kein Wölkchen, wohin man sah, die erste Frühlingssonne im Jahre; das machte uns guten Muthes. Die Straße von Schwetzingen war ungewöhnlich mit Chaisen und Fußgängern, Reitenden, Bauern und Wagen bedeckt. Jeder weiß aus Erfahrung, wie der erste gute Eindruck die Stimmung auf die ganze Reise bilden und schaffen kann. Um nicht dieser kleinen Reisebeschreibung das Interesse, was sie etwa haben könnte, zu nehmen, will ich die Berechnung der Stationen nicht gleich, sondern am Ende bemerken. Um eilf Uhr waren wir zu Waghäusel. Hinter Graben kommt man bey der Pyramide vorüber, welche der edle Markgraf von Baden einem seiner Unterthanen errichten ließ, der das gleich dahinter belegne Dammfeld ausgetrocknet, und urbar gemacht hat. Ein Denkmal der belohnenden Gerechtigkeit unter einem weiten Horizont, gewährt ein gutes, frohes Gefühl! Aber es ist beschädigt, und sehr beschädigt. Man vermißt Worte in der Inschrift. Wenn es nicht bald hergestellt wird, so ist der edle Gedanke entstellt, und das ist um so mehr zu fürchten, da die Pyramide hohl scheint. —

Auf den Dörfern vor und hinter Graben kamen uns die Kinder, mit Sommerkränzen an Stäbe gebunden, haufenweise entgegen. Sie hüpften an dem Wagen herum und sangen ihre Lieder mit großer Fröhlichkeit. Gegen vier Uhr kamen wir nach Karlsruhe. Der Schloßgarten, die Stadt, die Wege vor den Thoren, alles war voll Menschen. Jedes drängte sich in den ersten belebenden Sonnenstrahl. Besonders war hinter Karlsruhe der Weg nach Mühlburg, gegen Rastadt zu, sehr angenehm.; Menschen von allen Ständen und Altern wallten in Feierkleidern darauf hin. Alles war froh, und hatte seinen Tag gut gelebt. Es war, als ob auf jedem Gesichte die Hoffnung und der Muth auf einen schönen Sommer verbreitet läge. Ich habe es nie versäumt, den ersten Frühlingstag so lange und so viel unter den Menschen zu gehen, als ich konnte, und als die Sonne nur noch einen Schimmer geben wollte. An dem Tage ist alles noch Hoffnung und Muth! Was Land und Garten hat und was Plane macht — die erste Sonne erhöht die Spannkraft eines jeden. Jeder glaubt da noch — „Es wird dieß Jahr besser mit mir als das vorige." Später hin schleicht der Landmann schon befürchtend um Saat und Blüthe. Nachtfrost, Vergleichung mit des Nachbars besserem Felde — Spekulation — da mischen sich alle Menschlichkeiten in den Anblick der schönen Natur. Dann sieht man weniger die Falten, die Haussorgen und Berufsleben gezogen haben, durch Genuß und Frohsinn geebnet — nur die Spuren des Grübelns: -- „Wie viel gewinne ich?" Auch der, den Sonnenblick und allgemeine Fröhlichkeit zur Hoffnung aufrief — hat dann wieder in der Wirklichkeit die Täuschung verloren! — Er zieht sein Joch fort Freundlich leuchtet wohl die Sonne; er aber sieht nach ihr hinauf — trocknet die Stirn — und sagt: „Es ist doch wieder wie vorm Jahre!“ — Vor Mühlburg sah ich ein interessantes Bild. Links vom Wege ab, über einen Bach hinüber, stellte ein junger Mann, der eben von der Jagd kam, seine Flinte an den Baum. In einem Rollwagen saßen drey kleine Kinder gegen einander von zwey mittleren bewacht. Der Mann umarmte die Gruppe, aus der alle Aermchen nach ihm hinaufreichten. Der Hund, der mit ihm gekommen war, lief, drängte sich dazwischen und wedelte rund um sie herum. — Um zehn Uhr kamen wir zu Rastadt an. Man wird gut und höflich in der Post aufgenommen, und billig behandelt.

Es ist sehr merklich, daß man dem Herzen des würdigen Markgrafen hier Gerechtigkeit widerfahren läßt. Aber der Religionsunterschied veranlaßt doch hier und da einen Seitenblick — wovon es heilsamer wäre, wenn er gar nicht wäre. Rastadt hat den Hof verloren, der ehedem glänzend war. Dieser Verlust ist merklich. Ich habe ehedem schon das Schloß gesehen, welches schön und regelmäßig gebaut ist. In einer langen Gallerie, die zu den Zimmern des verstorbenen Markgrafen führt, sind unter mehreren Gemählden einige sehr schöne. Auch sind in dem nehmlichen Flügel viele Türkische Waffen und Geräthe, als Siegeszeichen des berümten Prinz Louis von Baden. Man sieht hier das Zimmer, wo Villars und Eugen den Badnischen Frieden schlossen. Es hat zwey Eingänge, gerade einander gegenüber, daß beide zugleich eintreten konnten.

Eine Bemerkung habe ich einst hier gemacht, über deren Gehalt ich freylich nicht entscheiden kann. Eine Fürstin von Sachsen-Lauenburg wurde an einen Markgrafen von Baden-Baden vermählt. Lauenburg starb aus, und sie ward Allodialerbin ihres Hauses. Als nun auch Baden-Baden ausgestorben war, kam das Erbe dieser Fürstin auf das Haus Orleans, worin eine Badnische Prinzessin verheirathet gewesen war. Unter dieser Erbschaft war ein einzelner Edelstein von besonderer Größe, der — so meine ich gehört zu haben — nach Wien verkauft worden ist. Dieser Edelstein hatte in dem Baden-Badnischen Hause einen besondern Werth, so daß, glaube ich, über ihn ein besonderer Punkt im Testamente war. Es ist bekannt, und ich berufe mich deshalb auf Arkenholz Vie de Gustave Adolphe, daß Gustav Adolph, als er nach Deutschland kam, über einem gelben Koller gewöhnlich eine goldne Kette, und an dieser eines der Schwedischen Kronkleinodien trug. Von diesem Kleinode wurde, ehe es aus Schweden mitgenommen wurde, wie Arkenholz sagt, eine genaue Zeichnung genommen. Die Kette, die Gustav getragen hatte, als er zu Lützen fiel, ist zu Paderborn; aber das Kleinod daran wurde vermißt, und ist bis auf den heutigen Tag noch nicht gefunden worden. Arkenholz und viele mit ihm, halten den Prinz von Lauenburg für Gustavs Mörder. Er hat alles gethan, um den Verdacht zu erregen. Wenn nun jene, in Schweden zurückgebliebene Zeichnung und Beschreibung mit diesem Juwel aus der Lauenburgischen Verlassenschaft, wo es jetzt befindlich ist, verglichen werden könnte, so würde man vielleicht eine fürchterliche Gewißheit bekommen. Es ist um so möglicher, da Gustav nach dem ersten Schuß, vorn, quer über Lauenburgs Pferd fiel. — Gesucht ist wenigstens diese Bemerkung nicht. Ich gebe sie, wie sie mir beygefallen ist, als ich jene Geschichte des Edelsteines gehört, und der Stelle in Arkenholz mich dabey erinnert habe. — Der große Saal im Schlosse hat sehr edle Verhältnisse. Die Gemählde der Vorfahren, besonders die älteren in der obern Reihe, sind sehr gut. Im andern Flügel sind die

Zimmer des jetzigen Markgrafen. Ihre Anordnung ist sehr einfach und durchaus bürgerlich. Das Ganze ist übrigens sehr gut unterhalten. Es ist auch hier eine Stiftung der verwitweten Markgräfin für junge Frauenzimmer, welche von dem regierenden Markgrafen sehr unterstützt wird. Rastadt hat übrigens eine angenehme Lage und freundliche Bauart. Es fehlt nur ein Hof, um durch mehr Lebhaftigkeit diese Stadt anzüglicher zu machen; die Leere aber ist im ersten Augenblicke sichtbar, und giebt dem Orte ein verwaistes Ansehen. Ich konnte mir es nicht verweigern, Abends noch einen Gang um das verödete Schloß zu thun. Was ist das, warum eine verlassene menschliche Herrlichkeit uns so besonders anzieht? Ich weiß, daß es nicht mir allein so geht. Das ernsteste Nachdenken wandelt uns an, wir mögen es wollen oder nicht. Unsre Plane, Hoffnungen und Systeme dünken uns hülflos, wenn vor dem Blicke so eine ausgestorbene Burg eines berühmten Stammes da liegt!

Den 19ten fuhren wir bey trübem Wetter auf Böhl zu. Als wir bey diesem kleinen Orte ankamen, regnete es stark, der Wind war unangenehm, und Priester, Kreuz und Fahne wallten uns entgegen zu einem Todten. Es dauerte auch nicht lange, so lief man mit der Leiche an uns vorüber. Auch nicht ein Gesicht des Gefolges hat mich angezogen. Ein Geistlicher lag im Fenster, und bewegte die Lippen mit aufgehobnen Händen dem Sarge nach. Dabey schien das Auge doch den Numerus und die Qualität des Volkes zu sichten. So ein blaublasses, spitzes Gesicht, mit scharfen Zügen um den Mund und lächelndem Frieden auf der Stirne — wie Lojola sie mag gewollt haben. Hier erhielt ich ein Pferd, das außer dem Alter und einer abgemergelten Gestalt auch noch ein ganz offnes Brustblatt hatte; so war es gemißbraucht. Ich fuhr auf Appenweiher Stunde für Stunde. Obschon ich berechnen konnte, daß ich um dieser langsamen Fuhre willen gerade vor Basel eine Nacht noch würde liegen bleiben müssen, so hätte ich doch um vieles nicht die Pferde mögen treiben lassen. Giebt es denn aber kein Gesetz, oder sollte nicht eines gegeben werden, wodurch gegen die armen gemißhandelten Kreaturen Menschlichkeit erzwungen werden könnte, wo sie nicht in dem Gefühle der Menschen liegt? Zu Appenweiher, wo wir aßen, ist mir die Schönheit der Weiber und Mädchen besonders aufgefallen. Fast alle Gesichter haben eine regelmäßige Bildung, schöne Haut und einen geistigen Blick. Dann geht der Weg durch Rentchen, welches wegen der Klage des Fürstbischofs von Straßburg gegen seine Unterthanen, weshalb das Kommando Mainzischer und Pfälzischer Truppen hingesendet wurde, seither oft genannt worden ist. Das Benehmen von Wetzlar aus ist so, daß man wohl nicht sagen kann, wir lägen in Deutschland an einer Sklavenkette! Auffallend war mir heute die Menge von Kreuzen, Heiligenstöcken und Galgen, die sehr paradox immer auf einander abwechselnd folgten. Offenburg ist ein lebhafter und, ich denke, wohlhabender Ort. Nicht weit davon liegen die Badnischen Schlösser, Stauffenberg und Dürbach. Und links im Thale das Reichs-Gotteshaus Gengenbach. Rechts glaubte ich einen Pallast zu bemerken — Es ist das reiche Kloster Schuttern. Zu Kinzingen in der Post wurden wir gut aufgenommen, so viel den Postmeister anlangt. Der Postwagen fuhr eben in finsterer Nacht ab. Er war meist mit Franzosen besetzt, die sich das langsame Einspannen, und das gar nicht von der Stelle kommen, durchaus nicht abhalten ließen, Lieder und Opernarien mit überlauter Stimme zu singen.

Den

Den 20sten früh auf Emmendingen. Ein sehr freundliches Badnisches Städtchen. Das Badnische Land gewährt im Ganzen einen Anblick des Wohlstandes, der für gute, sanfte Regierung bürgt. Die herrschaftlichen Gebäude tragen den Charakter von Festigkeit, Würde, Zweckmäßigkeit und Geschmack überall an sich. Ich fand hier die Straßburger Zeitung, die über Leopolds Tod eben so unanständig als unpolitisch sprach. Sie empörte den Mann, in dessen Händen ich sie sah. Aber wie unvorsichtig ist es doch, solchen Blättern den Eingang zu verstatten! Eine Reichszeitung, die freylich jetzt ihren Ton in etwas geändert hat, war lange Zeit, obschon der Verfasser, über seine, oder die ihm aufgedrungenen Meinungen, die Rubrik: „Paris" gesetzt hatte, ein Aufruf, eine Werbung zum Freyheitstaumel. Da sitzen die guten Landleute in den Schenken um ein solches Blatt herum, sprechen und widersprechen, erhitzen sich durch Wein, eingebildetes oder wirklich erlittenes Unrecht, ihre Hitze wird Wuth; sie wollen eine andre Welt, eine Welt, darin der Bauer Herr wird, alle Zeitungen geloben sie ihnen — Rache mischt sich ins Spiel — so bedarf es dann nur einen gewissenlosen Amtmann — die Gährung bricht aus, und der gepredigte Kreuzzug gegen Schlösser und Große, geht an! Wahrlich ich bin erstaunt über die gänzliche Gleichgültigkeit so vieler Großen, über das Gift, was auf diese und andere Art so offenbar und täglich unter ihren Augen ausgestreuet worden ist und wird. Was kann diese Gleichgültigkeit veranlassen? Eigenliebe? der Glaube: „O, bey uns ist das unmöglich!" das verriethe wenig Menschenkenntniß. Schläfrigkeit? Genügen mit dem Gedanken: „So lange ich lebe, hält es wohl!" das wäre traurig. Oder der Nebel, womit das Heer der Schmeichler die Gefahr verbirgt? Möge keiner es zu bereuen Ursache haben, daß er achselzukkend auf den Nachbar blickte, indeß bey ihm das Uebel einwurzelte, veraltete und unheilbar ward! Ich wünsche es von Herzen. — Im Vorbeygehen muß ich sagen, daß es merklich und an mehreren Orten beobachtet ist: Gerade die, welche am meisten Geschöpfe der Fürsten sind, am dichtesten sie umgeben, die am meisten Vergünstigungen an sich zu reißen gewußt haben — die gerade sind es, welche am meisten dem Systeme anhangen, das die Throne umstürzt. Am meisten und lautesten! Man nennt sie Thoren und lacht. Aber wahrlich, es ist schon zu weit gekommen — man sollte ernst gegen sie seyn. Ich hoffe, ich darf keine Entschuldigung machen, daß ich jetzt diesen Punkt berührt habe, und daß ich es weiterhin noch thun werde. Es ist eine Angelegenheit, welche jetzt die Welt beschäftigt, und die sehr wichtig ist. — Von da kamen wir auf Freyburg. Wir mußten etwas auf Pferde warten, ich ging also in die große Kirche. Sie ist alt, und hat ein sehr ehrwürdiges Ansehen. Man besserte den Chor aus, und es freute mich, daß die eingesetzten Steinzierathen im alten Geschmack waren, wie die übrigen. Man hat es zu Straßburg bey den Ausbesserungen am Münster eben so gemacht. Die Hälfte der Kirche war durch ein großes, herabhängendes Tuch bedeckt. Hinter demselben errichtete man das Trauergerüst für den Kaiser Leopold. Es frappirte mich. Vor achtzehn Monaten sah ich im Dom zu Frankfurt, vor den Augen von Deutschland, die Krone auf sein Haupt setzen — hörte von allen Zungen des Vaterlandes anstimmen — Domine — salvum fac regem — ! Der Kaiser blickte dabey nach seiner Gemahlin, die in Thränen zerfloß, und nach seinen Kindern. In allen Herzen war Rührung, Hoffnung auf weise, sanfte Regierung — und schon reichten hier an den Bogen des hohen Doms die schwarzen Säulen, in deren Mitte die verwaisten Kronen niedergelegt werden sollten! — Das Herz, das für Deutschland schlug und den Belgiern verzieh — ist schon eingemauert bey den Augustinern. Traurig — wenn die Natur es so wollte! Schrecklich, wenn eines Menschen Hand den Faden zerrissen hätte! Einem alten Feldwebel, der da stand, sagte ich: — „Es ist doch betrübt, daß er so früh sterben „mußte!“ „Ja,“ erwiederte er, — „das „ist gewiß.“ Dieß sagte er mit ehrlichem Blick. „Aber“ — und dabey hatte sein Auge Sehnsucht — „Joseph sollte noch leben!“ Ich antwortete, daß man von dem König Franz gerechte Erwartungen habe. „Herr,“ sagte er, mit dem Sonnenblick der Hoffnung — „das ist der zweyte Joseph!“ So scheint mir die Trauer um Leopold überall beschaffen zu seyn. Man hat Mitleiden mit seinem schnellen Tode, aber man fühlt nicht eben einen Verlust! Von jeher stand die kostbare Tugend der glänzenden nach; Leopold aber verdient gewiß mehr als nur vorgeschriebene Pleureusen. — Das kaiserliche Militär, was hier liegt, sieht großherrisch, kriegerisch aus, und flößt Ehrfurcht ein. — Auf der Post ist man freundlich aufgenommen, billig behandelt und gut unterhalten. Zu Krotzingen begegnete uns ein Eskadron des Regiments Hohenzollern. In dem Gedanken an den Türkenkrieg, wurde ich wieder von der Menge der Galgen und Kruzifixe unterbrochen. Welch einen Kontrast macht die immer dräuende Gerechtigkeit mit der ermunternden Gerechtigkeit am Dammfelde vor Karlsruhe! — Hinter Mühlheim fuhren wir über die ersten Höhen und Berge, gerade im Sonnenuntergange, der, beym Schall der Abendglocke, blaue Gebirgfernen hinter uns, nahe Weinhügel und den grünen Kirchthurm um uns lieblich röthete.

Wir gingen. Auf Höhen ist der Mensch gutmüthiger, vollherziger — das fühlten wir alle. Unser Nachtlager war auf der kalten Herberge, vier Stunden von Basel. Die Thore von Basel werden früh geschlossen. Man kann, gegen nicht wohlfeile Bezahlung, eingelassen werden. Wer dann aber nicht einen Reitenden vorausgeschickt hat, wird lange aufgehalten, ehe es überall gemeldet werden kann. Beydes bewog uns, hier zu übernachten, obgleich das Wirthshaus und das Posthaus hier die einzigen Gebäude sind. Ein helles Kaminfeuer machte uns bey frugalem Abendessen und reinem Wein die Gränzen von Germanien und Helvetien lieb und theuer. — Zwischen Freyburg und Krotzingen sah ich ein Bild, welches viel Eindruck auf uns gemacht hat. Auf einem kleinen Karren, von einem dürren Esel gezogen, saß eine alte hagre Jüdin mit einem Leidensblick, der laut die Auflösungsurkunde sprach. Ein alter

Mann pflegte des Thieres mit ausgerupftem Grase. Ein Knabe, der daneben stand, setzte auf das Geräusch unserer Wagen, einen Krug mit Nahrung für die Alte hin, und bettelte bey uns. Die Frau dankte für die Gabe. Ihr ganzes Gesicht sprach, ohne zu reden: — „Nur ein wenig Geduld noch, es ist bald aus." Beide alt — so auf der Landstraße — alle elend, Menschen und Thier — es war viel Jammer in der Gruppe!

Den 21sten früh um sieben Uhr sah ich zuerst die Stadt Basel in der Ferne. Der Weg, von der kalten Herberge ab, zeigt eine herrliche Landschaft. Immerwährende Abwechselung von Hügeln und Thälern, Wiesen, Feld und Wein! Die schönen Dörfer sind so freundlich an die Abhänge hingebaut! Indem man nach den Thurmspitzen noch sich umsieht, die ein fruchtbarer Hügel aus dem Gesichte bringt, liegt schon wieder ein Dorf, rechts oder links nahe da. Die Fußpfade schlängeln sich auf und ab, und Gruppen von Bäumen oder Gebüsche gewähren dem Auge Ruhepunkte. So senkt das Land allmählich sich herab an den Rhein, daran Basel gebauet ist. Hier erheben sich Landhäuser, Dörfer und Gärten, Auge und Empfindung sind reich beschäftigt und befriedigt.

Ich war also nun in der Schweiz.

Ich dachte an Wilhelm Tell und die Geschichte, wie dieses Land von Deutschland sich losgerissen hat.

Wenn in Deutschland Landvögte sind, die, wo der Glanz des Fürstenhutes sonst nicht den Unterthanen Thränen kosten würde — den Hut, der ihre Verrätherscheitel deckt, zum Schrecken des Landmannes aufstecken — o so schone der Fürst nicht, und der Arm des untersuchenden Richters sey nie vom Nepotismus verkürzt, oder von Geldsucht inne gehalten! Das habe ich mit dem ersten Schritte in die Schweiz lebhaft gewünscht.

Im Vorbeyfahren an der Festung Hüningen sah ich viele Menschen an den Werken arbeiten.

Die drey Könige zu Basel ist einer der angenehmst gelegenen Gasthöfe, die ich kenne. Der Rhein rauscht unten daran vorbey. Man hat die große Brücke dicht vor sich, sieht rechts die alte, und links die neue Stadt Basel vor sich liegen. Der große Saal, der auf den Rhein geht, ist bekannt. Herr Iselin, der diesen Gasthof besitzt, thut alles, um seine Gäste durchaus zufrieden mit sich und seinem Hause zu machen. Wein, Tafel und Betten sind vortrefflich. — Uebrigens verliert man zu Basel am Karolin nach Reichsgelde zwanzig Kreuzer. Gleich bey meiner Ankunft boten sich mir verschiedene Retourchaisen nach Bern an. Ich machte aber mit dem Baseler Kutscher Louis, der bey dem Zirkelschmid Ziegler steht, einen Accord für meine ganze Reise bis Schafhausen. Man zahlt sonst für zwey Pferde den Tag zwey große Thaler, oder 5 Fl. 30 Kr. Ich konnte aber den Handel nicht anders schließen, als um 6 Fl. täglich; dabey ist das Trinkgeld, auch das sehr wenige Weggeld besonders. Ersteres macht auf zwey Tage gewöhnlich einen kleinen Thaler. Ich wählte diesen Kutscher, und bewilligte den halben Gulden mehr, deshalb: einmal, weil er ein Deutsch und Französisch spricht, welches ich verstehen konnte; denn das Schweizerdeutsch, oder das Patois, würde unsere Unterhaltung bey den öfteren Fragen unterweges sehr gestört, oder doch erschwert haben. Dann hatte ich von Schafhausen zurück auf Basel nur zwey Tagereisen zu bezahlen. (Es ist bekannt, daß man den leergehenden Pferden in der Schweiz auch die Rückreise bezahlen muß.) Ueberhaupt thut man wohl, wenn man auf die ganze Reise einerley Pferde und Kutscher nimmt. Wer das aber nicht will, thut besser, nicht eignen Wagen zu haben, da sich oft Retourwagen finden, seltner aber Retourpferde ohne Wagen. Uebrigens habe ich vorher mit ihm festgesetzt, was ich unterweges sehen, wo und wie lange ich mich aufhalten wollte, wenn ich an den Orten eintreffen wollte; dieß war bey der wenigen Zeit, die ich hatte, wesentlich. Man fährt, je nachdem die Wege sind, des Tages -- zehn — zwölf, höchstens dreyzehn Stunden, aus Gefälligkeit des Kutschers auch wohl vierzehn oder etwas mehr. Bey diesem Accord hat man sich jedoch um die Zehrung von Pferden und Kutscher ganz und gar nicht zu bekümmern. Ich muß auch sagen, daß ich in keiner Wirthsrechnung bemerkt habe, daß man dieses mir zur Last mitgerechnet hätte. Den Vormittag bin ich noch auf Gerathewohl in Basel herumgegangen. Die Stadt scheint mir nicht volkreich zu seyn; manche Häuser waren von unten bis oben zu wie ausgestorben. Lange Zeit konnte ich von der Rheinbrücke nicht wegkommen. Es war sonnenhell, und die Brücke schien ein öffentlicher Spaziergang zu seyn. Auch da ich nach Hause kam, ging ich jeden Augenblick, den ich nehmen konnte, auf mein Zimmer, und legte mich ins Fenster, um diesen Anblick wieder zu genießen. Das Leben und Weben auf der Brücke ist schön; dazu fluthet der Strom so stark an dem Hause hin, daß es ein Vergnügen ist, in dieß alles hinein zu schauen, und seine Ideen mit dem Strome treiben zu lassen. Gleich nach Tische fuhr ich nach der Eremitage von Arlesheim. Arlesheim ist zwey Stunden von Basel; der Sitz des Kapitels, welches seit der Reformation von Basel dorthin verlegt worden ist. Herzlich danke ich es meinen Freunden zu Dürkheim, die mich erinnert haben, daß ich ja nicht versäumen möchte, nach Arlesheim zu fahren. — Diese Eremitage ist vom Herrn von Liegertz und Frau von Andlau angelegt. Sie hat hohe Schönheit, und wir würden sie ganz genossen haben, wenn nicht ein Zufall unsere Unbefangenheit getrübt hätte; doch davon hernach, vorher zu der Beschreibung von Arlesheim. Der Weg dahin ist sehr reitzend. Nicht fern davon liegen drey Bergschlösser, Münchenek, Birseck und Wartenberg. In dem Wirthshause des Dorfes erhält man einen Führer; man wird gefragt, ob man einen Französischen oder Deutschen begehre. Die Eremitage selbst liegt nur einige hundert Schritte vom Dorfe entfernt. Der Eingang ist an einer Mühle, wohin ein klarer Bach geleitet. Durch einen Felsenbogen, den die Natur gemacht hat, mit der Ueberschrift: „Den Freunden der schönen Natur,“ kommt man in eine Rundung hoher Bäume, welche durch laufendes Wasser belebt sind. Ein zweyter Felsenbogen, in grösseren und noch mehr durch einander geworfenen, herab-hangenden Massen, ist der Eingang einer in den Felsen gehauenen Treppe. Sie führt zu dem Garten, wo ein Caroussel angelegt ist, von Pappeln beschattet; es ist der Vorplatz einer Grotte, die geräumig genug seyn würde, einen Tisch für dreyßig Personen zu fassen, ohne daß sie sich dem Wetter ausgesetzt fänden. Am Abend soll die Beleuchtung eine herrliche Wirkung machen. Außerhalb ist ein Felsen, ein Platz für die Musik angebracht. Nicht weit hiervon geht man über eine hängende Brücke. kleiner zusammengefügter Holzstöcke, von Ketten getragen. Man kommt zu einer Bank, die, in den Felsen gehauen, ganz im Schatten hoher Bäume angebracht ist. Hier liegt das kleine angebaute Gärtchen der Einsiedeley nahe. Bey einem Wasserfall an einer Höhle ist Geßners Monument. Aus der Mitte des Gartens sieht man das Wasser von Felsen auf Felsen herabfallen. Es sammelt sich in einem Becken, und fällt durch eine Felsenöffnung, welche nicht die Kunst gemacht hat, in den Stamm eines alten Baumes, der eine Fontaine bildet. Die Eremitage selbst ist mit Baumrinde bekleidet; Gothische Glasscheiben machen die vier Fenster derselben aus; ein Schrank, in den Fels gehauen, enthält einfache Hausbedürfnisse; die Küche ist in einer Felsenspalte, so wie der Altar. Von da kommt man zu einem grossen Holzhaufen. Die Thüre öffnet sich, und man tritt in ein Kabinet. Ach, diesen schönen Augenblick werde ich niemals vergessen. Das Kabinet liegt auf der Spitze des Felsenabhanges. Man sieht in ein Thal hinab, das aus Bauernhäusern, Gärten, Feldern und Wiesen besteht. In der Mitte liegt ein kleiner See; mehrere Hügel, mit jungem Gehölze dicht besetzt, umgeben diese Landschaft; sie gehören zu der grossen Gebirgkette des Jura. Nicht weit von hier ist der Tempel des Schickfals. Von da aus sieht man das berühmte Schlachtfeld bey Dornach, wo im Jahre 1499 sechstausend Schweizer achtzehntausend Oesterreicher geschlagen haben. Dann führt ein Weg, in den Fels gehauen, zu einer Rotunda, von Bäumen umgeben. Hier sieht man Arlesheim liegen, und seine gesegneten Gefilde. Man sieht bis in die Ebenen von Elsaß, begränzt von den Lothringischen Gebirgen. Etwas höher ist eine dreyfache Terrasse mit fremden Pflanzen besetzt; hier ist die Aussicht noch ausgedehnter. Am Ende dieser Terasse ist ein Chinesisches Häuschen. Von hier sieht man in der Ferne die Ruinen des Schlosses Pfeffingen, die Ebene von der Birs gewässert, und das Thal, welches ich vorhin beschrieben habe. Im Herabgehen von da kommt man zu der Grotte des Apollo. Ein Sitz am äußersten Felsen ist zu jeder Tageszeit von der Sonne frey. Ueber einen Absturz führt eine Brücke, an einem großen Baum hinüber geschlagen, zu einem freyen Platze, wo moralische Motto's, in verschiedenen Sprachen, ohne Ordnung hie und da zerstreut sind; man nennt diesen Ort den Tempel der Wahrheit. Auf einem Felsen, der nur mit Mühe zu ersteigen ist, steht das Monument — „der Freundschaft" gewidmet. — Dankbar habe ich an dieser Stelle gefühlt, daß ich bey diesem Monument nicht trauern durfte. Im Herabgehen liest man in einer Felsenwand:

Hospes amice!
Hasce delicias
Naturae debes,
Debes Industriae
Balbinae ab Andlau
Henrici a Ligertz.
MDCCLXXXV.

Mit Gefühlen des herzlichsten Dankes für die schönen Seelen, die so für Natur fühlen, und ihr edles Gefühl mittheilen, stand ich unter dieser Inschrift. Mögen sie es lange genießen! Möge die Natur, die sie ehren, sie mit Kraft und Frohsinn lohnen!

Man kommt herab zur Grotte des Diogenes. In einem Winkel, den eine Laterne beleuchtet, liest man:

„Ich suche einen Menschen."

Ein Gestell in der Mitte der Grotte trägt die Aufschrift:

„und ich erwarte ihn."

Indem man auf das Gestell tritt, sieht man an einer andern Ecke geschrieben:

„Bist du es?"

Man steigt noch tiefer herab — und steht vor einer schwarzen Gitterthüre. Sie verschließt eine merkwürdige Grotte. Ein dunkles feierliches Gewölbe führt zu dem Tempel des Todes in den Berg hinein. Hoch, still, kühl und Nacht ist diese Höhle. Auf einer Urne stehen die Worte:

„Jeder Tag des Lebens ist ein Schritt
„vorwärts zum Tode!“

Gebeine haben die Inschrift:

„Plurima mortis Imago.“

(Ich wollte, sie hätten gar keine Inschrift: sprachen sie nicht selbst so mächtig?) —

Durch eine enge Oeffnung an einem Sarge, der aus dem Felsen halb herausragt, vorüber — steigt man noch einige Schritte tiefer, und sieht nun in einer andern Grotte. Sie ist hoch, höher als die vorige. Eine Glorie wirft ihre Strahlen auf eine Gestalt, die aus dem Grabe über halb heraus ihre Arme dem neuen Leben entgegen reicht. — Von hier wollte man mich durch einen labyrinthischen Weg zu einer Statue des Nachdenkens führen; aber ich mochte nicht. Hier habe ich geschlossen, mit Eindrücken, deren ich mich gern erinnere. — Nicht weit davon ist ein Schweizerbauernhaus; daneben Anlagen für ländliche Spiele. Ich hatte dafür jetzt den

Blick nicht mehr und kehrte um. Eins habe ich dadurch freylich vermißt, und zwar weil ich es nicht wußte. Hinter diesem Hause im Thale wohnt ein Künstler, Herr Stunz. Er macht Ansichten des Bieler Sees, der Petersinsel und von Arlesheim selbst, die ich gern gehabt hätte und nun noch kommen lassen will. Dem Schweizerhause gegenüber ist ein Kohlenhaufen, dessen Inneres ein Zimmer ist, mit der Aussicht auf den See. Von da führt eine schattige Allee wieder an den Eingang bey der Mühle. Man braucht zwey Stunden dieß alles zu sehen. — Aber freylich sollte man mehr Zeit haben, um es auch zu genießen. Und daß uns dieser Genuß gestört werden mußte! Es ist wohl bemerkenswerth wie das geschah, und ich will es erzählen.

Vom Wirthshause ab folgte uns ein junger Französischer Offizier mit einer Dame nach der Eremitage. Wir kamen zusammen an die Grotte, vor welcher das Carroussel ist. Es waren zwey Herren ohne Uniform darin, aber dem Anschein nach waren es Französische Offizier. Es sind in der Grotte gemahlte Herzen, worauf mit eisernen Spitzen geschossen wird. Die Herren aber schossen mit Pistolen auf die Herzen. Darüber erhob sich ein Handel mit dem Aufseher, der uns geleitete. Alle Antworten waren kurz, und ich sah, daß die zwey Herren, die dort waren, und der Offizier, der mit uns gekommen war, sich bedenklich maßen. Endlich ging der, der mit uns gekommen war, zu den beiden, übergab einen Brief, den sie kalt aufnahmen, die Dame nicht grüßten, und auf allen Gesichtern war Zorn und unterdrückte Wuth. Wir gingen; der Herr und die Dame voran, und ich hörte, daß sie den Empfang befremdend fand. Der Offizier sprach wenig; ob aus Kälte oder aus innerer Schuld, weiß ich nicht. Wir mochten wohl eine Viertel=

stunde gegangen seyn, und kamen eben aus dem Kabinet im Holzhausen, so sah ich die zwey Herren unten den Berg herauf kommen, mit Blicken, die nichts Friedliches wahrsagen konnten. Die Dame eilte, setzte sich dann ermüdet, und die Herren waren bey uns. Sie winkten dem Offizier; er ging. Die Dame ward blaß, ihre Lippen gelb. Bis dahin hatten wir noch nicht zusammen gesprochen. Sie sah mich mit einem Blick voll unbeschreiblichen Jammer an — „Madame," sagte ich ihr, „Ihr Begleiter interessirt Sie, er darf Sie nicht verlassen; „Sie sind allein hier." Sie haben Recht, rief sie — sammelte ihre Kräfte, ihm nachzugehen. — Indem ward das Gespräch der drey Herren laut. — Dans une quart d'heure je suis à vous — hörten wir den Begleiter der Dame rufen. Sie wankte entkräftet an den Boden — „Ich kann nicht weiter," sprach sie — „O mein Herr! —" ihr Blick ward sterbend. — Madam Beck blieb bey ihr, und ich ging hinab den Herrn zu rufen, der indem mir entgegen kam. Die zwey Herren blieben in mäßiger Entfernung von uns stehen. — Nun versicherte der junge Mann, es sey nichts; aber mit einem Gesichte, welches deutlich sprach: Es ist Vieles! Die Dame beschwor ihn. „Ich muß mich nur expliziren," rief er — legte seinen Säbel zu ihren Füßen, und ging wieder hinab zu den beiden. Der Aufseher stellte sich dicht dazu, und sprach von den Gerichten, die er holen wollte. Alle dreye sprachen eine Viertelstunde zusammen, und gingen mit Gesichtern aus einander, die sich wieder bestellten. Der Begleiter der Dame kam zu uns zurück, die Herren kehrten um. So viel begriff ich, die Ursache des Handels war im Palais Royal und Koblenz zu suchen. Die Dame hielt sich auch überzeugt, daß der Handel nicht aus war. Blaß, zitternd und mit unterdrückten Thränen folgte sie an seinem Arme, und so kamen wir — an die Grotte des Todes. Der Offizier ging vor mir hinein, und sah sich um, nicht wie in einem tapezierten Saale. Mir war sonderbar zu Muthe. Der Schreck, die Angst der Dame — die Bilder von Tod und Auferstehung vor unsern Augen — und ein Duell so nahe! Man mag über Zweykämpfe denken wie man wolle, so glaube ich, diese Verbindung der Umstände, von dem Uebungsschuß auf gemahlte Herzen an bis zu der Grotte des Todes, würde jedem aufgefallen seyn.

An der Table d'hote traf ich einen Herrn, der, als das Gespräch über diesen Vorfall in allgemeinen Ausdrücken erfolgte — sehr aufmerksam ward. Er begehrte mich allein zu sprechen; sagte, daß er bey dem Offizier und der Dame zu Nacht gegessen, aber nichts gehört habe; doch sey ersterer beym Desert abgerufen worden. Da er nun beide sehr gut kenne, so wolle er sogleich wieder hineingehen und nachfragen. Dieß that er auch. Den Tag darauf bin ich weggereiset, und habe nachher weiter nichts davon gehört.

Um fünf Uhr kamen wir von Arlesheim zurück, und ich sah noch den Todtentanz. Schade, daß das Dach so sehr vieles verdeckt, und das Gemählde selbst schon so sehr beschädigt ist! Man geht dahin an dem Jäschischen Hause vorbey, in dessen Hofe oben am ersten Stock die Statue Kaiser Rudolphs von Habsburg aufgestellt ist. Auf dem Platze, wo jetzt dieses Haus steht, hat ehedem der Kaiser Rudolph gewohnt. Auch sah ich noch den innern Hof des Rathhauses, und ging von da auf die Terrasse am Münster. Welch ein Augenblick!

Die Terrasse am Münster liegt, wie dieser ganze Theil der Stadt, sehr hoch. Neben der alten Kirche ist der öffentliche Spaziergang. Der Rhein fließt unten vorbey, und man hat in die Gebirge eine weite Aussicht. Ich verweilte lange auf diesem angenehmen Platze. Wir gingen an den sehr schönen neuen Gebäuden der Herren Sarrazin vorüber, und wieder auf die Rheinbrücke. Es war nun fast Abend, und das Leben, die allgemeine Bewegung aller die heim kehrten, oder noch hier den Heimkehrenden entgegen gingen, machte sie sehr angenehm. Nun ging ich nach Hause, und da ich mich morgen, nach meinem Reiseplan, von Becks trennen mußte, so wurde am summenden Theekessel Ueberlegung genommen, wie der morgende Vormittag gemeinschaftlich zu theilen wäre. Der Mond leuchtete uns dazu, und wir waren recht vergnügt.

Gern hätte ich hier schon einige Schweizergegenden illuminirt gekauft. Man bekommt die von Aberli, selbst in der Schweiz, nur noch selten ächt. So gern wollte ich sie mitnehmen, um zu Mannheim in der lebhafteren Rückerinnerung wieder zu genießen. Ich fragte daher nach Gemähldehändlern, nach Leuten, die Schweizer Büen verkauften. Der Lehnlakey wies mich in eine Gasse, ich klopfte. Nach langem Harren raspelte etwas auf frischem Sande die Treppe herab. Ein trüber Lampenschein ward am Hausthürfenster sichtbar — und nach langer Pause rief eine weibliche Stimme, weit von der Hausthüre, innen tief im Hause, zitternd und hohl: — „Ist denn jemand da?" So weich wie möglich erwiederte ich — „Ja." Wieder eine Pause. Nun näherte sich das fragende Wesen der Hausthür; dort wartete es ganz still; ob in Reflexion, oder durch ein Schlüsselloch zu sehen — weiß ich nicht. Endlich schob sich ein Riegel langsam zurück, und nun wieder die Frage: — „Was wollen Sie denn?" Ich meldete meine Absicht. Rasch flog der andre Riegel zurück, behende drehte sich dreymal der Hausschlüssel umher — aber nur einer Spalte groß, öffnete sich die Thür. Das Licht ward über mein Haupt gehalten, der halbe Körper der Leuchtenden war hinter der Thür verborgen, die Knie waren zum Zudrücken der Thür angestemmt, und so geschah mit spähendem Blick die Frage: — „Wie kann man aber in der Nacht Gemählde sehen?“ Getroffen von der Wahrheit der Einwendung sah ich verlegen aus — und schon fühlte ich die Thür näher an meiner Brust mit dem freundlichsten — „O, kommen Sie doch morgen wieder.“ Eben wollte ich gehen, da erhob sich von der Treppe eine zweyte weibliche Stimme, die da im Hinterhalt gelegt war: — „Wenn aber die Herren es nun heute wollen?“ Rasch war die Person bey uns, das Licht voran, die Hausthür zu, und wir standen in einem Gemähldezimmer. Da waren gute, treffliche GemähLde, und mittelmäßige gut aufgefrischt; alle trefflich berahmt, harrten reicher Engländer oder Russen. Da stand ich, die zwey Frauen mir gegenüber folgten jedem Blick, um zu erhaschen, ob auf Landschaft oder Historie, Italiänische oder Holländische Schule meine Spekulation ginge. Und wenn ich wo ein Gemählde fixirte, so trachteten sie zu erforschen, ob in Guineen oder Rubeln die Zahlung gemacht würde. — Ich fühlte mich verlegen, in Gesellschaft so illüstrer Gemählde, nach den illuminirten Kupfern von Aberli zu fragen. Endlich ward die Stille zu groß — ich stotterte es also heraus, und suchte dazu die gefälligsten Modulationen, deren ich fähig bin.

„Gemählde von Aberli?" sagte die eine — „die haben wir nicht."

Nicht Gemählde — Kupfer — illuminirte Kupfer, sagte ich fast schmeichelnd — „Aha — so Bilderchen?" sagte die, welche aus der Hausthür mir entgegen geleuchtet hatte, und sahe dabey bis auf meine Chaussüre herab; „die haben wir nicht.“

„Die haben wir nicht,“ fügte die andre hinzu, und legte beide gekrümmte Hände um ihre Ellenbogen. Ich war unentschlossen.

„Nein! Nein!“

riefen nun beide zugleich in einem rauhern Accorde.

Sie zogen sich mit den Lichtern nach der Stubenthür — und ich wollte eben bey ihnen vorüber nach der Hausthür defiliren, als die eine mich aufhielt. „Warten Sie,“ sagte sie mit aller Wonne, womit man jemand überraschen kann — „Es sind noch Zeichnungen da.“

„Ja! Ja!“

riefen beide in mich mit einer Art Gutheit hinein. Das Licht ward nun höher hinaufgeschoben — eine Schublade aufgezogen, durchsucht, und wieder eine — nachgedacht — kleinere Blätter durchgesehen, wieder nachgedacht, und endlich eine große Mappe geholt, woraus mit aller Wärme für Kunst, die bey jedem trefflichen Blatte, das durch ihre Hände ging, stieg — eine Zeichnung genommen, mir hingebreitet und gesagt wurde — „Die kostet nur zehn Dukaten!“

Fürwahr sie war es werth, aber ich konnte das nicht ausgeben. Sie sahen, daß sie mir sehr gefiel. Ich brach meine eigne Verlegenheit und sagte: „Ich bedaure, ich kann diese Summe nicht ausgeben.“ — „Nun, so will ich Ihnen besser dienen,“ sagte die eine, und hohlte ein Werk mit mehrern Zeichnungen — „Das da, haben Sie um hundert und funfzig Livres.“ Es war auch das Geld sehr werth. Aber ich sagte ihnen wieder, daß meine sehr mäßige Reisekasse das nicht verstattete. Sie erboten sich dann, wenn ich des andern Tages wieder kommen wollte, mir etwa was auszusuchen. Ich glaube, ich versprach

es,

es, aber ich bin nicht wieder hingekommen, denn es war mir unangenehm, bey den Erwartungen und der Mühe, die ich ihnen verursacht hatte.

Dieß schreibe ich zur Nachricht für alle, die nur kleine illuminirte Schweizer Büen von Aberli kaufen wollen, und statt dessen in eine große verkäufliche Gemählde-sammlung gerathen könnten.

Den 22sten früh haben wir das Zeughaus gesehen. Es enthält viel schweres Geschütz; die Gewehre aber scheinen mir nicht zu seyn, wie man sie jetzt verlangt. Der Helm Karls von Burgund wird hier gezeigt, sein Panzerhemd, und mehrere Harnische der Fürsten, die ihn begleitet haben. Ich ging nach dem Rathhause, da aber gerade Sitzung war, konnte ich nur die große Treppe und einen Erker nach der Stadt zu sehen. Im Hofe an der Treppe steht die

Bildsäule des Lucius Minutius Plancus, der Naurach (Augusta Rauracorum) unweit Basel erbauet hat. Zu Naurach sind die beträchtlichen Ruinen eines Römischen Theaters. Gern hätte ich sie gesehen, aber es hätte mich um die Zeit gebracht, die ich zu der Fahrt auf dem Bieler See verwenden wollte. Schade ist es übrigens, daß diese Bildsäule des Minutius leberfarb angestrichen ist.

Das Münster, wohin wir von hieraus gingen, ist 1010 vom Kaiser Heinrich dem Zweyten, aus dem Hause Baiern, und seiner Gemahlin Kunigunde erbauet worden. Oben im hohen Chore steht das Grab, in welchem bis vor kurzem die Gebeine der Kaiserin Anna, der Gemahlin Kaiser Rudolphs des Ersten und Stammmutter des Oesterreichischen Hauses, mit ihren beiden Söhnen, Hartmann und Karl, ruhten. Auf dem Deckel sieht man die Kaiserin in kaiserlichem Schmuck, die Krone auf dem Haupte und ein Kleinod auf der Brust. Zur Linken ist das Bild ihres Sohnes Karl mit entblößtem Haupte, ohne Schmuck. Im Jahr 1510 hatten die Domherren die Neugierde, dieses Grab öffnen zu lassen. Sie fanden den Körper der Kaiserin unzerstört; neben ihr lagen zerstreut die zarten Gebeine ihres Sohnes Karl. Sie ließen die Krone der Kaiserin, die mit Edelsteinen besetzt war, vom Haupte nehmen, ausputzen und bey Kirchenornaten verwahren. Im Jahr 1762 öffnete man das Grab auf Ansuchen des Fürsten von St. Blasien, um einen Abriß von der Krone zu nehmen, wo man denn nichts fand, als die Gebeine. Diese wurden 1770 auf den Wunsch der Kaiserin Maria Theresia nach St. Blasien überliefert, wo für sie und die Oesterreichischen Leichen, die zu Königsfelden begraben waren, eine neue Gruft erbauet worden war. Ich lobe es, daß die Kaiserin Therestä für diese Reste die Achtung fühlte, sie zu ihren Vätern versammeln zu lassen. Viele nennen das — „schweren Sinn;" aber es ist dabey doch auf etwas mehr zu rechnen, als bey dem leichten Sinn, der an dessen Stelle getreten ist.

In einem Zimmer neben dem Chore ist der Saal, wo sich das Concilium versammelt hat. Weiße Wand, ein Boden mit kleinen glasurirten Steinen belegt, Breterbänke an den Wänden herum, ist alle seine Zierde. Der Tisch, woran der Bischof, der den Vorsitz führte, geschrieben hat, mit eingebrannten Figuren verziert, ist schlecht und recht. Welche Einfachheit gegen jetzt! Ich habe zu Hagenau im Jahr 1789 die Versammlung des Clergé von Elsaß, unter dem Vorsitze des Kardinals Rohan, gesehen. Wie sehr war wohl jene, die hier gehalten worden ist, von der zu Hagenau unterschieden!

In dieser Kirche ist auch Erasmus von Rotterdam begraben. Sein Gedächtnißstein ist an einem Pfeiler aufgerichtet. Unweit davon zeigt man auf dem Boden einen Grabstein, mit messingenen Zierathen, unter dem er begraben seyn soll: das ist aber nicht; er liegt mehr rechts, unter den Kirchenstühlen. Der Grabstein, den man dafür ausgiebt, ist nicht der seine, sondern eines Domprobstes von Mörspurg.

Um das Münster herum sind Kreuzgänge gebauet, worin Begräbnisse und Denkmale sind. Basel hat zu verschiedenen Zeiten sehr von Erdbeben gelitten; so ist auch einst ein Theil der Terrasse am Münster herab in den Rhein gesunken.

Der Pallast, den das Badnische Haus hier besitzt, ist groß und ansehnlich. Ehedem war eine Sammlung von Gemählden, Alterthümern und Naturalien hier; sie ist aber weggebracht worden.

Die Bibliothek konnte ich Vormittags nicht sehen, und Nachmittags mußte ich abreisen. Ich sah also Holbeins Meisterstücke dieses Mal nicht, hoffe aber Basel wieder zu sehen. Der biedere Herr von Mecheln war abwesend. Ich bin auch darum gekommen, das Fäschische Kabinet zu sehen; zum Theil durch meine Schuld, aber nicht ohne Entschuldigung. Mein Führer sagte mir, was ich nicht wußte, daß man es geraume Zeit vorher müsse melden lassen. Halb zwölf Uhr war es schon, und halb zwey Uhr mußte ich fort; ich hätte diese treffliche Sammlung also nur sehr im Fluge sehen können.

Ueberhaupt scheue ich mich, große Gemähldesammlungen ohne Begleitung eines Kunstkenners zu sehen.

Gewiß, ich bin so glücklich, lebhaft für diese Kunst zu fühlen. Immer macht das Ganze tiefen Eindruck auf mich; besonders wenn es Geschichtsgemählde sind, oder wenn in einer Figur starker leidenschaftlicher Ausdruck liegt. Allein, dann geht über dem Eindruck, den das Ganze auf mich macht, die Wirkung einer einzelnen Schönheit, oder eines einzelnen Fehlers verloren. Oder aufrichtiger — ich sehe und verstehe das nicht. Eine besonders schön gezeichnete Hand — eine Verzeichnung der Hand — fällt mir nicht auf, wenn die Seele im Ausdruck mich angezogen hat. Das Abzeichen der Manier des Künstlers von einem andern, sein Kolorit, welchen Vorzug oder Nachtheil es gegen ein anderes gerechnet hat, verstehe ich nicht. Was ich offenbar nicht weiß, kann ich nicht zu wissen scheinen wollen.

Dem wahren Kenner ist es nicht genug, die Wirkung erreicht zu sehen; er will, daß man fühle, angebe, wie, wodurch sie in uns erreicht worden ist. Die warme Empfindung des Laien vor dem Gemählde, genügt ihm nicht; er will bestimmte Unterscheidungen.

So habe ich einst eine Geburt Christi, von — Morillo — glaube ich, gesehen. Dieß Gemählde hat mich innigst erwärmt. Bey aller Einfachheit so viel Würde, dennoch Wahrheit -- und nichts war gesucht, hinzugesetzt, oder weggelassen. Es dünkte mich, das Meisterstück der Kunst in edler Wahrheit zu seyn. Ich konnte es nicht oft genug sehen, um die Feinheit und die Kraft des Künstlers, etwas, was so schwer zu vereinigen ist, und so selten vereinigt gefunden wird, zu bewundern. Zu der nehmlichen Zeit wurde das Gemählde eines Heiligen bewundert, und so bewundert, daß man gar von Morillo nicht mehr sprach und sprechen hören wollte. Ich ward auch zu dem Heiligen gelassen. Es war ein schönes Gemählde; das sah ich und das begriff ich; aber der Heilige ließ mich kalt. Man starrte mich an — „Erhabener Styl, „Größe, Majestät, einziger Zweck der Künste, „Kolorit, Haltung" — alles dieses strömte mir entgegen. Leute, die von allem dem nichts wußten, und ohne was von dem allen zu empfinden, den Heiligen angesehen hatten, sahen neuerdings den Heiligen wieder an — fanden nun auch und lallten gewaltig mit. Der Demonstrator trieb sich eine Thräne ins Auge. — — Ich wagte es von Morillo zu reden, und wollte eben sagen — daß doch wohl — — — Aber da wurden Kompendien, Systeme, Autoritäten citirt — und im Angesicht des Heiligen ward mein kleinlicher Geschmack persiflirt. Ich gab mich hin und schwieg. Des andern Tages ging ich wieder allein zu Morillo. Kann ich dafür, daß es mir dünkte, an der Krippe würde man von den guten Landleuten, die um das neugeborne

Kind sich sammeln, und in der Ahndung hoher, ihnen fremder Gefühle, mit der Wonnethräne anbeten — daß es mir dünkte, hier würde man freundlicher empfangen, als bey dem Heiligen, der so erzerhaben drein sah!

Seit der Zeit vermeide ich es, Gemähldesammlungen zu sehen, wenn nicht jemand mit mir geht, der in der Art seiner Betrachtung das Auge des Kenners ganz von mir weg, allein auf sich zieht.

Dann ist es aber eine Wonne in der Sammlung menschlicher Kunst und Kraft umherzugehen, aus den Vermächtnissen des Geistes großer Menschen, die einfache, aber immer wieder vergeßne Wahrheit zu empfangen: — „Die Menschen waren immer dieselben, nur ihre Gewänder ändern „sich." Wie man von einer Seelenstimmung zu der andern, von einer Leidenschaft zu der andern geführt — plötzlich vor dem höchsten Ausdruck der Verzweiflung dasteht. Wie jedes Empfindungsvermögen gereitzt, gespannt und befriedigt ist — bis man etwa vor einen Hektor und Achilles von Französischer Hand kömmt; da glaubt man denn freylich oft im Ballett zu seyn, und wird herzlich froh, wenn man von diesem aufgeschraubten Wesen zu einer Holländischen Kirchweihe kommt.

Die Table d'hote hatte ihre sehr charakteristischen Eigenheiten — Aber man soll aus keiner Gesellschaft wieder erzählen, also schweige ich.

Der Herzog von Würtemberg Mümpelgard wünschte Madam Beck singen zu hören; sie und ihr Mann blieben also noch. Ich fuhr den Nachmittag um zwey Uhr weg. Wir waren den Mittag recht froh gewesen — das machte mir vollends die Trennung unangenehm; dazu fing es an zu regnen und ward recht kalt.

Der Weg nach Laufen ist zum Theil der nach Arlesheim. Ueber Wetter und Trennung war ich so verdrießlich, daß ich gar nicht aus dem Wagen sehen mochte. Doch fiel mir Aesch, der Sitz des Landvogtes, auf. Dieses Schloß liegt in der Birs, eine lange schmale Brücke führt hinüber, und der Eingang ist in den Felsen gehauen. Zu dem übeln Wetter gesellten sich noch Heere von Bettelleuten, die mit beyspielloser Hartnäkkigkeit den Wagen verfolgten. Schon um fünf Uhr waren wir zu Laufen.

In kleinen Städten habe ich mir immer zum Gesetz gemacht, nach Gasthöfen zu fragen, die vor dem Orte liegen. Die Aussicht ist doch besser als in den Oertern selbst. Der Kutscher pries unaufhörlich den Ochsen in der Stadt. Ich bestand auf der Krone vor der Stadt. Ich durfte es nicht bereuen; jedermann im Hause war beschäftigt, mir meinen Aufenthalt angenehm zu machen. Dazu war hinten am Hause eine Gallerie, gerade einem großen Wasserfalle der Birs gegenüber. So lange es regnete, sah ich ihn hier, und ging nachher auf die bedeckte Brücke, wo ich den Fluß, die gespaltnen Felsen herabschäumen sehen konnte.

Den Abend berechnete ich wieder mit dem Kutscher meine Fuhre auf den morgenden Tag, um gewiß zu seyn, ob er auch Lust hätte dem Plane treu zu bleiben, den wir zu Basel gemacht hatten. Dieß habe ich jeden Abend gethan.

Mit Sorge und Unruhe erwartete ich, was für Wetter wir den andern Tag haben würden. Morgen sollte ich die Schönheiten des Münsterthales sehen, das, worauf ich mich so innig gefreut hatte. Bey Regen, Wind und Nebel wäre für mich kein Genuß gewesen. Es machte mir eine unruhige, traurige, fast schlaflose Nacht.

Den 23sten sah ich mit Kummer an den Himmel, fand aber getheilte Wolken, und hatte Hoffnung. Unter dem Ankleiden und Frühstücken hellte es sich ganz auf. Beym Wegfahren hatten wir den ersten Sonnenblick — und rein von der Seele gewischt war mit dem ersten Strahle jedes ernste Bild. Hinter Delsberg oder Dellemont sah ich zum erstenmal die Wunder der Natur, die ich noch nie, auch keine ähnlichen, gesehen habe.

Ich ward bis in das Innerste erschüttert. Ich meinte — das war mein Gefühl — ich müßte die Augen größer haben, um es zu fassen, was ich vor mir sah.

In dem größten Steinfelsen, dünne, gespaltne Wände, die bis an den Gipfel reichten. Festen, die senkrecht in ununterbrochener Masse, so himmelan steigen, daß man Mühe hatte hinan zu sehen Höhlen, über denen dicht an den Wolken, ein

Dom von Gebirgen wie schwebend herüber ragte. Zu allen Seiten aus dem harten Felsen herabstürzende Bäche, die zu dem Fuße desselben, über Kolossen mitfortgerissener Felsen und ganze Baumlagen an mächtigen Erdfällen hin, in den kämpfenden Fluß sich ergossen. Das Auge muß ablassen — der Beschauer fühlt sein Nichts — und die Allgewalt des, der hier gesprochen hat — „Es werde!" Was sind die Säulen, die Tempel, die wir bewundern — wenn man hier steht! Welche Größe und Majestät! Man mag sich des Machwerks der Menschenhände hier nicht erinnern. Wenn man in diesen Gedanken unter den Wundern da steht, mit langen Zügen die klare reine Luft athmet, und nun auf lichtgrünem Boden, mitten unter in einander geschlungenen Buchen — oder jungen gerade aufstehenden Tannen, ein klarer, voller Quell, in mehreren Armen die kleinen Wiesenplätze bewässert, dann der Fluth zueilt — wie sanft leitet das von Staunen und Ehrfurcht zu Wohlwollen, Friede und Rührung hinüber! Welche Gedanken über Menschen — Menschenwerth, Größe oder Nutzen drängen sich hier in die Seele — folgen sich, wechseln — und wie vereinigen sich wieder alle diese Gefühle zu dem einzigen: — Es ist ein Gott — ein großer, guter Gott! Niederkämpfen mögen viele dieß Gefühl — aber kommen muß es hier über jeden.

Ich fuhr auch heute durch das Felsenthor (porte pertuis). Diese Stelle hat mehr eine angenehme als überraschende Wirkung auf mich gemacht. Die ungeheuren Massen, die vorher Auge und Seele beschäftigt haben, selbst das, daß die Einbildungskraft durch den Ruf so lange und so sehr mit dieser Stelle beschäftigt war, mindern den Eindruck. Reitzend ist es, die Landschaft, wenn man eben durchgegangangen ist, durch die Höhle, über und zwischen den Spitzen der dunkelgrünen Tannen unten im Thale, daliegen zu sehen. — Eine ähnliche Höhle liegt seitwärts von Dürkheim auf den Hochbergen; sie ist ein Wunder der Natur. Auf dieser Felsenspitze hat man die Pfalz vor sich, und einen Horizont von Frankfurt bis an die Grenzen der Schweiz; eine Stelle, die verdiente allgemeiner bekannt zu seyn. —

Am Felsenthore ist oben eine Inschrift von den Zeiten des Minutius Plancus eingehauen. Ich muß jedoch gestehen, daß die Inschrift, die das Gedächtniß des Straßenbaues, den der Bischof von Basel auf seine Kosten mit beträchtlichem Aufwande durch dieses Thal hat führen lassen, und welche der Reisende ohne alle Auslage genießt, mich mehr interessirt hat als jene, die von Lucius Minutius Plancus redet.

Den Mittag war ich zu Münster oder Montiers. Ich fuhr nach Herrn Meiners Anweisung in das weiße Roß, fand hier alles sehr gut, und empfehle dieß Haus den Reisenden. Ich habe Herrn Meiners Gesundheit hier getrunken, und in meinem Herzen ihm für sein schönes Buch gedankt.

Zu Courandelin hörte ich den Morgen ein Französisch sprechen, welches für mich Hebräisch war. Es ward verschlungen und gesungen. Wir übernachteten zu Sonzebeau. Gute Betten, sehr guter Thee, (welches letztere für mich, der ich ihn liebe, wichtig ist,) ein höflicher Wirth und eine angenehme Lage, das darf ich von dem einzigen Gasthofe, der hier ist, loben.

Den 24sten fuhr ich bey gedecktem Himmel aus Sonzebeau weg. Die Vergessenheit meines Kutschers machte, so oft ich ihn auch vorher daran erinnert hatte, daß ich die Quelle der Birs verfehlte.

Ich sahe heute wieder große Felsenmassen, dennoch glichen sie denen nicht, die ich gestern gesehen hatte. Das Thal war heute weiter, und das schien die Höhen der Gebirge zu mindern. Auf meinem gestrigen Wege gab es Stellen, wo zwischen den Felsen nur Raum für die schmale Chaussee und die reißende Birs, die in tiefen, engen Ufern läuft, war, so daß bey dem Ueberhange der Gebirge nur ein schmaler Strich Himmel zu sehen war. An einer solchen Stelle hinter Münster ist in den Felsen, wo er gerade herunter in das Wasser geht, in der Mitte des Berges eine Höhle gebrochen, die tiefer hinein zu gehen scheint, als man es absehen kann. Es ist noch altes Zimmerwerk, wie ein Geländer, darin sichtbar. Ich begreife nicht, wie man dahin hat kommen, noch weniger, wie ein menschliches Wesen hier hätte wohnen können. Gerade gegenüber wendet sich unten die enge Straße über eine Brücke, auf der ein großes eisernes Kreuz steht. Ehe man auf diese Brücke kommt, scheint in der Felsennacht kein Weg mehr möglich zu seyn. Diese Gegend ist schauerlich schön.

Das Eisenwerk zu Ruschenette, wohin wir heute kamen, hat eine romantische Lage. Herr Hartmann zu Biel hat davon, wie von dem Felsenthore und mehreren schönen Gegenden des Münsterthales, Platten gestochen, wovon Abdrücke bey ihm zu haben sind.

Bey eben diesem Eisenwerke hat mich etwas in Erstaunen gesetzt. Rechter Hand davon ist ein sehr majestätisches Felsengebirge. Auf der höchsten Höhe ist es mit einem Kranz von Fichten umgeben; dann kommt eine nackte, glatte Wand; unter dieser ein Raum weniger Schritte breit Erde. Dieser geht sehr schräg herab. Von hier ab steht die ungeheure Masse wie durchgesägter Marmor in dem reißenden Strome.

Auf dem engen Raume schräg herabgehender Erde, war ich erstaunt, Stämme abgehauener Bäume zu sehen, da ich nicht begreife, wie hieher eines Menschen Fuß kommen konnte.

Bald nachher macht der Fluß einen großen Wasserfall, den größten, den ich bis jetzt gesehen habe. Etwas weiter hin ergossen sich mit Schaum und Geräusch aus zwey Höhlen Bäche, eigentlicher Quellen, in den Fluß. Indem ich so fortging, und bald rückwärts in das enge Thal, das ich zurück gelegt hatte, sah — bald die Höhe vor mir hinaufblickte, so genoß ich in der Stille des ganz frühen schönen Morgens eine der schönsten Stunden meines Lebens.

Vor mir wurde der Horizont immer weiter, die Gegenstände immer lichter und lichter. Ich war weit über den höchsten Fichten, deren Spitzen aus dem Thal an die Straße reichen; hinter mir das enge dunkle Felsenthal, der schäumende Fluß — und außer diesem Rauschen — kein Laut, kein Ton des Lebens in der ganzen Natur umher. Ich ruhte. Eine Lerche schwebte über den Klüften; ihr Morgengruß weckte mich aus der Betrachtung; ich ging weiter — auf einmal sah ich rechts von der Höhe eine Oeffnung — und — im Strahl des Morgenrothes die ersten Eisberge!

Ach, wie kann ich das beschreiben?

Ich erschrak. Ich freute mich — ich stand still — ich ging — ich lief. Ich war froh — wollte reden, stand wieder still — sah — glaubte, es entginge mir, rannte hastig fort, gewann die Höhe — Da lag denn die ganze Kette von Eisbergen in einer Ferne, welche nur noch reger die Einbildungskraft aufforderte. Das Herz schlug mir — reden konnte ich nicht — abgebrochne Ausrufungen haben meinem

Herzen Luft gemacht! Wer hält diese stolze Höhen? — Wer giebt den Menschen Muth, die um diese fürchterlichen Spalten sorglos wohnen? — Wer schützet sie? Mit jedem Tritte vorwärts, wie die Sonne stieg, wandelte sich der Schimmer der Eisberge bald bläulich, bald schneeweiß — nur selten röthlich. Aber mit einmal schimmerte die höchste Spitze wie ein klarer Krystall. — Kein Auge konnte ich verwenden — und eine so wunderbare Täuschung gewährte der immerwährende Farbenwechsel — mich däuchte ich sähe diese Welten manchmal sich erheben — manchmal sinken. Ich mußte sitzen — ruhen — sehen, genießen, — meine Hände fest in einander schlingen, und einer Thräne der innigsten Freude mich überlassen.

Indem ich so da saß, kam ein Wagen und einige zu Füße in tiefer Trauer und langen Flören — Das war — und wirkte sonderbar.

So hoch über aller Erde und von allem Erdenverhältnisse weg — so nahe an Allmacht — Vollkommenheit — und eine Trauer — ein flatternder Flor auf diesen Höhen! Das stimmte mich herab, von jenen Gegenständen weg. Ich sah auf den Boden hin — auf den Staub, zu dem wir werden — und ging weiter. Nun empfing ich nicht mehr unbefangen Schönheit — ich wollte also Schönheit wieder suchen, blickte auf, und da — sah ich die freundliche Stadt Biel — die erste Ansicht des Bieler Sees — die Stadt Nitau!

Welchen Reichthum, Abwechselung und Schönheit hat diese Landschaft! Ich sah rund umher, alles war das Bild des Segens, des Fleißes glücklicher Bewohner — vergessen waren die Leute mit den Trauerflören — ich rief den Wagen, ließ rasch nach Bötzigen, oder Bongean zu fahren, und nicht lange dauerte es, so hielten wir zu Biel an der Krone bey Herrn Visard. Hier ward schnell berathen, ob ich über den Bieler See auf die Petersinsel fahren könnte, oder ob die Zeit es nicht verstattete. Der Kutscher meinte, der Tag ginge ganz drauf. Herr Visard, ein artiger, zuvorkommender Mann, entschied. „Es „ist 9 Uhr," sagte er, „nehmen Sie nur „das Schiff, 1 Uhr sind Sie zu Tisch zu„rück und fahren" — bis Arbergen, fiel der Kutscher ein. „Nein," sagte Herr Visard, „bis Seedorf, das ist eine und eine „halbe Stunde weiter, und die kommen Ih„nen morgen auf Bern, des Thorschlusses „halber, sehr zu Statten."

Halb zehn Uhr saßen wir auf dem kleinen Schiffchen, und befuhren den Bieler See. Der Spaziergang von Biel an den See ist allerliebst. Eine breite Allee, an deren Seite ein lebhaftes Wasser hinströmt, führt an den See; Wiesen, Gärten und Landhäuser liegen daran hin. Biel ist von Hügeln auf einer Seite umkränzt, deren Terrassen Weinberge haben, wo jeder Fleck Erde Segen trägt. Die Sonne war eben wieder hinter Wolken — der See ganz still, und in der Ferne erhob sich die Petersinsel aus dieser himmelblauen Fläche.

Eine junge Frau und zwey Knechte ruderten uns hin. Ich hatte mein Frühstück mitgenommen, und wollte eben den vertraulichsten Winkel des Schiffes mir bereiten, da trat ein langer, griessgramer, übel gekleideter Mann aus dem Schifferhause zu uns mit herein, der nach der ersten kühlen Begrüßung mir mit unfreundlichem Accente zustieß — „er habe das Schiff für sich bestellt" — Ihr mögt aber mitfahren, setzte der Blick hinzu.

Wären wir in England gewesen, so würde ich, so gewiß ich für das Schiff einen grossen Thaler gab, und so gewiss dieses Menschen Angesicht ein Scheidebrief von aller Gutmüthigkeit und Fröhlichkeit war, das Schiff allein für mich begehrt haben, oder ausgestiegen seyn. Er sah murrend auf mich und Schiff und Wasser, konnte lange für die untere Spitze seines Stockes keinen Platz, und für seinen Elbogen wie für sein Auge keine Ruhe finden, schlug den Antheil meines Frühstücks aus, und sah mich immer schneidend an. Endlich — nachdem er verschiedene Male den Mund geöffnet und die Lippen bewegt hatte, ohne zu reden — lüftete er den Hut, strich mit der Hand über die sparsamen, glatten, glänzend schwarzen Haare, und sagte — „Ich weiss von nichts. Wie geht es denn „seit des Kaisers Tod in Wien? Was wird „man denn dort in Absicht auf Frankreich „thun?" Diess alles ward Französisch und, wie es scheinen sollte, mit Ruhe und Gleichgültigkeit gefragt. Ich sagte — ich glaube, man könne nicht bestimmt sagen, wie der Kaiser über die Französischen Angelegenheiten gedacht habe; aber man wisse, daß er der Deutschen Fürsten im Elsaß sich habe annehmen wollen; übrigens hielte man den König Franz für lebhafter und militarischer als Leopold gewesen sey. „So?“ erwiederte der Mann, und seine Augen funkelten, sein Mund warf sich auf — „Das „hilft ihm nichts, Ströme Bluts fließen, „die Nation opfert sich auf, sie opfert den „Erdboden auf, Millionen stehen da, was „wollen die Oestreicher?“ Die Sprache begann ihm auszugehen, er biß in die Lefzen — Ich war erstaunt, frühstückte weiter, und antwortete etwas Allgemeines. Er sammelte sich, und suchte mich durch und durch zu sehen. „Ha,“ sagte er gelassener, „die Nation wird wohl einen Mittelweg finden, was meinen Sie?“ Ich bejahete es. Er lächelte, schwieg, drehte sich unruhig auf seinem Sitze herum, wollte reden, unterdrückte es wieder.

Es folgte eine allgemeine Stille; dann fing er mit spitzem Tone und schlauer Miene an: „Sie glauben doch, daß der Kaiser „zu rechter Zeit gestorben ist?“

Ich zuckte die Achseln.

„Seine Krankheit — hm — die war „nichts.“ Er lachte.

Ich brach schnell ab.

„Werden denn,“ fragte er mit aufgestemmtem Stock, „ihre Tyrannen in Deutsch„land noch immer fort regieren?“ Nun folgte eine Ergießung von Bitterkeit über die Schweizerischen Verfassungen. Ich antwortete wenig mehr, der Mann rasete aber in einem fort. — Wir fuhren an einem artigen Landhause vorüber; ich fragte, wem es gehöre? „Berner Herren,“ sagte er mit Wuth — „Das ist eben das „Unglück! Welch ein Gut ist das, wie viel „Geld hat so ein Kerl!“ Ein Strom unterdrückter, halb gesprochener Verwünschungen aller Reichen, wie dieses Reichen, unterbrach die Aufzählung der Kapitale des Mannes, dem das Gartenhaus gehört.

„Theilung der Güter!“

Da liegt es also bey dieser Klasse, bey andern anderswo. Habsucht, oder Hochmuth, oder Rache, sind die eigentlichen Motiven; den wenigsten liegt an der guten Sache. Ist das wohl zu verkennen, wenn man mehrere der heutigen Journale über diesen Gegenstand liest? Sie predigen, Flamme und Galle im Herzen — das Schwert in der Hand. Es ist eine Dragonade, wie das Volk zur Freyheit getrieben wird. Niemand soll in diesem Falle Gewissensfreyheit behalten. „Schade,“ — so schrieb neulich aus Mainz jemand über mich — „daß „Iffland sich mit seinen Kokarden und den „Meinungen, die darin aufgestellt sind, so „entehrt hat!“ Meint man nicht, man lebte in den Zeiten, wo Karlstadt und Doktor Eck ihr reisiges Wesen trieben?

Ich war froh, als der verdrießliche Mann auszusteigen begehrte. Nach langem Wählen und Aussuchen eines abgegriffenen Stückes, zahlte er, mit Inbegriff eines Frühstücks, sechs Batzen für sein Schiff.

Er war überhaupt sehr geitzig. Ich leitete das Gespräch von der Revolution auf die Kolonien, und von da auf den Preis des Zuckers. Mit der einzigen Freundlichkeit, die er blicken ließ (außer der, über des Kaisers Tod) entdeckte er mir schlau, mit über den Stockknopf aufgehobnen Zeigefingern, — „Dem sey leicht abgeholfen: „man müsse gar keinen Zucker brauchen. „Und wozu? Zum Kaffee — Das sey die „verwöhnte Natur des Menschen. Die „Milch habe mehr Süßigkeit als der Zuk„ker. Er begnüge sich damit. Jedermann

„in keinem Orte glaube es, nur seine Fa„milie nicht. Allein sie müsse es glauben.“

Anderthalb Stunden, nachdem wir von Biel abgefahren waren, landeten wir an der Insel auf der Bergseite, wo der Wald ist. Ein breiter Spaziergang, eine Allee, in deren Mitte ein Tanzsaal erbauet ist, gewährt eine reitzende Aussicht über den See, an dessen Ufern Weinberge, Landhäuser und Oerter abwechseln.

Ruhe, Abgeschiedenheit von Menschen und ihren Plagen, können einer Seele, die Frieden mit hieher bringt, in dieser herrlichen Natur schöne Tage gewähren.

Die Allee zieht sich von der Höhe herab. Durch eine Ebene von Weinbergen kamen wir an das einzige Haus auf der Insel. Der Schaffner, welcher für das Hospital von Bern, Land und Ertrag der Insel verwaltet, bewohnt es mit seinen Leuten.

In demselben Gebäude ist Rousseaus Zimmer. Es hat noch alle das Hausgeräthe von seiner Zeit her. Man sieht die Treppe, durch welche er den Ueberlästigen zu entfliehen pflegte. Das Zimmer hat nur Ein Fenster, welches, über ein kleines Stück eingefaßten Gartenlandes hinaus, die Aussicht in die Eisgebirge giebt. Kein Dorf, kein Haus liegt dazwischen. Am gegenseitigen Ufer ist eine niedere Anhöhe mit Wald, hinter diesem ragen die Eisgebirge herüber. Also nichts als Wasser, Wald, Berg, Schnee und Himmel! Die Einbildungskraft ist genährt und sonst stört sie nichts.

Hier wohnte er also, hier dachte — hier fühlte — hier litt er!! Viele und sehr ehrwürdige Namen las ich an den Wänden und der Thür des Zimmers — auch Lally Tollendal. — Ich glaube, Rousseau wird oft so wenig recht verstanden wie die Bibel, und eben so am unrechten Orte als Autorität citirt, wie diese. So vieles, was Rousseau geschrieben hat, liebe ich innigst; bey mancher Ergießung seiner Gefühle war mein Herz im Aufruhr; und doch war mir es wohl dabey. Ich bekenne aber auch, daß ich manches nicht begreife, was er geschrieben hat; allein nie wage ich es darüber zu urtheilen. Ich lege das sanft weg, was ich weder fühle noch verstehe, und schließe mich um so inniger an das, was mein ganzes Wesen erfüllt, erhebt, veredelt. So, unsterblicher Geist, ehre und liebe ich dich.

Mit Wehmuth verließ ich die Insel.

Ach, du littest so tief und wurdest so gewaltsam verkannt! Ich sah alles umher noch einmal an, Wald, Städte, Land und Himmel — alles, was Rousseau mit beklemmten Herzen und nassen Augen oft mag angesehen und sich in sein Zimmer verschlossen haben, wo ungestört seine Thränen fließen konnten.

Stille rund umher, — Keine Bewegung auf der ganzen Insel. — Mittag — Ruhestunde aller Arbeiter, die schliefen oder ihren Kopf stützten. Ueberall noch die abgestorbenen Blätter des vorigen Jahres — der Wind fuhr über den Wald weg — die Wellen schlugen leise an die Insel, wir fuhren ab.

Hinter Douan kommt ein starker Wasserguß aus dem Felsen in zwey Armen so hoch herab, daß man ihn vom See ab über dem Dorfe sieht. In anderthalb Stunden landeten wir wieder zu Biel. Bey schlechtem Winde kann man noch einmal so viel Zeit auf dem See zubringen.

Am Eingange der Stadt, vom See links, liegt das Haus la Rocalle, wo Kagliostro gewohnt hat. — Wie mag es doch kommen, daß seine Anhänger, Vertheidiger und Verehrer fast alle aus dem ersten Stande waren?

Ich darf nicht das naive Gespräch der Frau vergessen, die am Ruder des Schiffes war.

Sie sprach Französisch, und hatte also des verdrießlichen Mannes Gespräch gefaßt.

„Mein Gott,“ sagte sie nach einigem hin und her zwischen mir und ihr — „mich „dünkt, wir sind viel glücklicher als die vor„nehmen Leute. Ich glaube das, wenn „ich nur den Herrn Amtmann sehe. Unser „eins macht ihm was weiß und antwortet „ihm wie es Lust hat. Wir? Ja, arbei„ten müssen wir vollauf, das ist wahr. „Aber wir haben Abends Schlaf, und um „sieben Uhr, wenn die Hausthür zu ist, „ist alles aus. Der Amtmann kann doch „nicht mehr als essen. Für einen Braten „mehr — so viel Neid und bösen Magen — „das lohnt der Mühe nicht. Mit den Ar„men mag sich es doch leichter arbeiten, „als mit dem Kopfe.“

Wir aßen sehr gut zu Biel, und fuhren über Nitau auf Arbergen zu. Hier bezahlt man etwas Weggeld; aber nur etwas; es wird am Wagen geholt, und man wird nie aufgehalten.

Dieß kann man nicht immer in Deutschland rühmen, wo die Einnehmer entweder nicht da sind, oder mit Protektionsmiene und Grobheit am Fenster harren, den Kutscher von den Pferden zu ihnen kommen heißen, und Grobheiten dazu sagen. Zumal wenn etwa irgendwo die Abgaben von drey Rubriken an drey verschiedenen, weit aus einander gelegenen Oertern abgegeben werden müssen, und jeder Pfennig davon dem unwissenden geplagten Reisenden mit Thalern verpönt ist.

Arbergen ist ein sehr angenehmes Städtchen. In dieser Gegend werden die Dörfer größer, wohlhabender, die Häuser haben ein gefälligeres Aeußeres, und die Menschen sind besser gekleidet. So sah ich hinter Arbergen vor einem ansehnlichen Bauerhause mit großem, weit herüber stehendem Strohdache, vielen Fenstern und buntem Schnitzwerke in der Holzbekleidung, einen alten Mann sitzen — das Bild der Ruhe, der Heiterkeit, und eines gut durchschafften Tages. Er trug weite Schweizerbeinkleider, schwarzes Brusttuch und weite Hemdärmel; sein eisgraues Haar hing lang auf die Schultern herab. Ein kleines Kind im Fallhute war an ihm hingelehnt, und lag halb in seinem Arme; vor ihm spielten drey an einer Pflugschar herum; ein anderes tändelte an seinem Knie; eine erwachsene Enkelin aber stand in der Hausthür angelehnt und strickte. Die Knechte — oder Söhne, kamen vom Felde heim und spannten aus; er fragte, und gab dazwischen Anweisungen für Stall und Garten. — Ich verweilte gern bey diesem Bilde des nützlichen, heitern Lebens.

Zu Viel habe ich Herrn Mahler Hartmann besucht. Er ist ein Schüler des berühmten Ferdinand Kobel zu Mannheim, und erinnerte sich seiner mit Wärme und Dankbarkeit. Ich sah seine trefflichen Gemählde, unter andern das von der Petersinsel. Das brennende Roth der untergehenden Sonne habe ich niemals frappanter erreicht gesehen. Herr Hartmann empfing mich mit der liebenswürdigen Bescheidenheit, die den wahren Künstler bezeichnet. Die Petersinsel im Abendroth habe ich mir erbeten, und ich werde sie erhalten. Ich freye mich sehr auf den Augenblick, der alle die schönen Gefühle mir wieder geben wird.

Ich übernachtete zu Seedorf. Ein neuer Gasthof, mit dem Berner Wappen zum Schilde, hat sehr gutmüthige Bewohner. Das Haus ist hoch und liegt hoch. Oben herum geht, wie in dieser Landschaft bey allen Häusern fast Sitte ist, eine offene Gallerie, von dem überstehenden Dache gedeckt. Hier genoß ich den Rest des schönen, sternenhellen Abends. Die Straße kommt tief aus dem Grunde herauf, man übersieht das niedriger liegende Dorf und den Wald dahinter. Die Tochter erzählte, was ihr das wichtigste auf der Welt war, den Plan des von ihren Aeltern noch nicht ausgebauten Hauses. Gutmüthige Entschuldigungen, „daß es ihr leid sey, daß noch nicht alles fertig wäre, daß sie mich unten habe stehen lassen, weil es doch noch frisch wäre, sie oben habe einheitzen wollen, und der Ofen noch rauche, weil er neu sey,“ schloß sie auf eine eigne, äußerst gutmüthige Weise, mit dem — „Ey seht, ich habe es gut mit euch gemeint!“ Dieß war auch über ihr ganzes Wesen verbreitet.

Nachher kamen die Fuhren, welche noch Holz zum Bauen brachten, mit Leuchten aus dem fernen Walde. Unten im Hause war es sehr lebhaft und laut, dazu der Abend so warm, daß ich noch nach acht Uhr mit dem Lichte auf der Gallerie war. Allen Reisenden empfehle ich dieß nieblich gelegne Haus und seine gutmüthigen Bewohner.

Am 25sten früh fuhr ich auf Bern zu. Es war Sonntag. Der Gottesdienst, der in der Schweiz überall sehr feierlich behandelt wird, war durch die gänzliche Stille auf dem Lande überall wo ich hinkam, sehr angekündigt. Keine Art der Arbeit — kein Regen und Bewegen nirgend: — durch das ganze Land waltete das Gesetz — „Der siebente Tag ist Ruhetag."

Das Berner Gebiet ist auffallend schön, wohlhabend und angenehm. Sehr recht habe ich irgendwo gelesen: „Es ist als führe „man durch einen Garten." Fast alle Felder sind mit kurzen, starken, wohl unterhaltenen Hecken eingefaßt. Die Bauerhäuser sind mehrentheils hoch und haben etwas Stattliches in ihrem Ansehen. Die vielen Fenster, denn ein Eckzimmer hat deren oft acht bis zehn, die hohen Zimmer, das Täfelwerk außen an den Häusern, die Gallerien um das Haus oben am ersten Stock, oft auch unten vor den Häusern, geben einen Begriff von Sauberkeit und Wohlseyn, der den Reisenden für Land und Bewohner einnimmt. Viele Häuser sind außen vor den Thüren noch mit Dielen belegt, einige mit Steinplatten, alle aber mit regelmäßigem Steinpflaster eingesetzt. — Auf der Höhe nach Bern zu sahen wir noch einmal den Bieler See, die Petersinsel, Biel, Arbergen, und im Grunde der Landschaft die ehrwürdige Kette des Jura.

Wir mußten eilen, denn in Bern wird das Thor während der Frühkirche geschlossen, um acht Uhr geöffnet und gleich wieder geschlossen. Gerade um acht Uhr war ich vor dem Thore. — Bern macht einen sehr angenehmen Eindruck. Keine Palläste, aber viel schöne Häuser. Viel Leben und Bewegung, auf den meisten Gesichtern Wohlseyn und Selbstgefühl; fast jedermann geht raschen Schrittes, und die Leute haben in ihrem ganzen Wesen ein bestimmtes — „Wozu“ ausgedrückt.

Nichts ist unangenehmer als eine Stadt, deren Bewohner schleichen, oder einen trippelnden Konventionsgang haben, die in ihrem Thun und Lassen, auf der Straße sogar, Kleinigkeitsgeist ankündigen — wo Spähen, Mißtrauen, Gewohnheit, Verdammung und — Holdseligkeit auf der Stirne allzumal, wie Gerichte auf einer Tafel, zur Schau entgegen getragen werden. Von diesem allen sah ich zu Bern das Gegentheil. Meine Wohnung war im Falken. Das Rathhaus ist noch im alten Geschmack erbauet, hat aber nicht den Vorhof, überhaupt nicht das ehrwürdige Ansehen, wie das zu Basel. In dem großen Rathszimmer sind über den Sitzen Gemählde aus der alten Schweizergeschichte. In dem Zimmer des engern Ausschusses liest man, dem Sitze des Oberrichters gerade gegenüber, mit großen goldenen Buchstaben, den Spruch:

„Audiatur et altera Pars.“

Solche Dinge werden freylich am Ende alltäglich. Es muß aber doch Augenblicke geben, wo es dem Richter mehr ins Auge fällt, als eine Büste, oder Arabeske, und so ist es immer löblich, daß es dahin geschrieben ist.

Ehedem stand die Münze neben dem Rathhause; sie ist jetzt abgebrannt. Das Rathhaus steht auf einer Anhöhe, woran unten die Aar vorüber fließt. Diese Terrasse drohte einzusinken. Der Rath läßt daher gegenwärtig einen kostbaren Bau aus dem

Grunde der Aar heraufführen, um diese Gefahr abzuwenden.

Das Hospital ist ein edles, treffliches Gebäude, in einer sehr gesunden Lage. Es erfüllt mich mit Ehrfurcht und Liebe für die Berner, so etwas so gewollt zu haben. Man sagt, das Krankenzimmer darin habe weder Raum noch Betten genug, da zu viel für die Zimmer der Zusammenkünfte der Vorsteher, die Kirche und so weiter — verwendet worden wäre! — Dieß wäre ein großer Fehler an einer so ehrwürdigen Einrichtung.

Gleich dahinter ist das Gefängniß, welches hell, nicht fürchterlich, aussieht. Wenn das Innere dem Aeußeren entspricht, so straft der Rath von Bern nicht zwiefach.

Die Züchtlinge habe ich aus ihrer Kirche zurückführen sehen. Sie hatten alle frische Farbe, und waren menschlich und reinlich gekleidet.

Noch ein Hospital, wo hinein auch Bürger sich kaufen können, liegt auf der Insel, und ist gleichfalls ein schönes Gebäude. Die neue Münze, welche nicht weit davon gebauet wird, ist in einem großen edlen Style angegeben.

Der Musiksaal, ehedem zu einem Schauspielhause angelegt, wovon noch die Logen da sind, ist etwas bunt; aber das Ganze muß bey der Beleuchtung doch artige Wirkung thun.

Der Rath will kein Schauspiel haben. Ich gehe nicht in die Gründe dafür oder dawider. Möge immer das Komödienhaus leer stehen, da vor den Hospitalen von Bern kein Unglücklicher abgewiesen wird!

Die Angelegenheit des Regiments Ernst, welches die Republik in Französischen Dienst gegeben hat, und das nun dort gemißhandelt worden ist, war eben in diesem Augenblicke Nationalsache.

Der Kanton Bern hat sehr respektuös, aber auch sehr fest an den König geschrieben und das Regiment zurück begehrt. Wenn dieß, wie es wohl wahrscheinlich ist, auch sollte vermittelt werden, so hat doch der Kanton mit der Würde, die er sich schuldig ist, gehandelt.

Diese Geradheit, sich beleidigt zu nennen, wo man beleidigt war, gefällt mir besser, als wenn beleidigte Fürsten die Kokarde der Nation tragen. Kein regierender Herr kann diese Kokarde mit Ueberzeugung tragen. Wenn er es doch thut, was kann die eine und die andere Partey davon denken?

Die Gegend um Bern ist einzig schön.

Von der hohen Terrasse am Münster sieht man über die Aar, die sich unten herum schlängelt, auf Wiesen, Gärten und Felder, von denen an sich ein fruchtbares Gebirge erhebt. Hinter diesem liegen die Eisgebirge. So nahe scheinen sie, da man für wenige Stunden entfernt halten sollte, was doch noch gegen funfzehn Stunden von Bern entfernt ist.

Welch ein Anblick! Ueberall Frühling, alles lebt und flimmert im Sonnenstrahl umher — nur einen halben Blick darüber hin — wogen die ewigen Eismassen herüber. Denn so scheint es, wenn man lange starr hinblickt, sie in der Morgensonne schimmern und in der Mittagssonne leuchten sieht — man glaubt, sie würden über die reitzenden Auen herrollen und sie begraben.

Da stand ich nun vor dem gelobten Lande, das ich nur in der Ferne sehen sollte!

Drey Tage würde ich noch gebraucht haben, um über den Thuner See, am Fuße eines Eisberges, vor diesem Hochaltare der Natur meine Kniee zu beugen. Aber

diese

diese drey Tage würden mich haben zu spät nach Mannheim zurück kommen lassen, und ich würde alle Verhältnisse verletzt haben. Im Angesichte der Eisberge mußte ich mir also sagen:

„Das kann nicht seyn."

Aber das hat mich viel gekostet.

Eben, als die Sonne den höchsten Gipfel in der Ferne beleuchtete, sagte mir mein Führer: — „Seht dorthin, Herr, das „ist die Jungfrau;" — er schob mich ganz an die Lehne der Terrasse — „das Thal „dort, rechts hinein, ist der Grindelwald, „und da hinwärts liegt der Thuner See. „Was ihr dort seht, ist das Schreckhorn." Das Blut stieg mir zum Herzen — ich riß mich los, und ging das Münster zu sehen, wo er mir nun mit eben der Sorgfalt, die Fußsäcke der Rathsherrn in den Kirchenstühlen vor Augen zu legen trachtete.

Ich verweilte nicht lange hier. Außer dem Denkmahle des Herzogs von Zähringen, der Bern erbaut hat, sah ich nichts, das mir wichtig geschienen hätte.

Ueber dem großen Kirchthore sind außerhalb die thörichten Jungfrauen und das jüngste Gericht in Stein gehauen. In der Hölle läßt ein Kaiser, die Krone auf dem Haupte, sich gemächlich braten, neben ihm aber wird ein Bischof, die Inful auf dem Haupte, in den Pfuhl gestürzt, der immer brennt.

Die Table d'hote war, wie alle in der Schweiz, reich und mit Geschmack besetzt.

Nachmittags war ich auf einer herrlichen Promenade an der Seite der Stadt nach Biel zu. Rechts auf der Höhe sieht man nach Solothurn hin. Abwechselung von Wiesen, Wasser, Thal, Berg und Landhäusern — die kleinen Landstücke alle mit dichten kurzen Hecken umgeben — der Anblick von Bern, welches sehr in die Länge gebaut ist, die Menge von Menschen — die alle so offen, fröhlich und so anständig waren — alles dieses wird mir immer gegenwärtig seyn, und mir Sehnsucht nach dem schönen Lande geben.

Alle Schönheit, die mich dicht umgab, hielt mich nicht ab, oft mit Trauer nach den Eisbergen hin zu sehen. Manchmal fand ich mich auf einer Berechnung, ob es denn etwa doch wohl gar noch möglich sey hinzukommen? Den Rückweg von dieser Promenade nahm ich über einen Theil des Walles.

Abends gegen Sonnenuntergang war die ganze junge schöne Welt von Bern in den Alleen der Terrasse.

Die hübschen Frauen und Mädchen wandelten rasch und bewußt in dieser schönen Natur. Ich habe von den Alten kein richtendes Anschauen — und von den minder geputzten keine Seitenblicke gesehen. Das freute mich sehr.

Nicht, als glaubte ich, jene Menschlichkeit sey hier in den weiblichen Menschen gar nicht vorhanden; aber doch ist sie gewiß kein Hauptzug in dem Charakter. Das bürgt für gute Erziehung, und diese für Volksbildung und Menschengehalt.

Um diese Zeit verkleidete sich der Versucher in meinen Kutscher, der mir rieth:

„doch wenigstens noch den Thuner
„See zu befahren."

Ach, ich fühlte zu gut, daß ich auf dem Thuner See zu nichts mehr Nein gesagt haben würde; ich sagte also hier Nein, wo ich es noch vermochte.

Ich blieb lange auf der Terrasse, und genoß das einzige Schauspiel, die Schneeberge in der untergehenden Sonne zu sehen.

Ich war ganz in dieser Zauberey — ich dachte nicht an Bern und Mannheim — ich schweifte in Feenwelten umher. Als die Sonne nicht mehr das Wesen beleuchtete, das sie nicht vernichten kann — als die Farben nicht mehr in gelb und roth wechselten — sondern endlich in weiß und grau; da verlor sich die Magie der Feenwelt, ich war vor Bildern der Zukunft und Ewigkeit. Alle Menschen waren fort — die Aar rauschte unten her — der Münster verkündigte sieben Uhr, da schauderte mein alter Führer vor Kälte, erinnerte an das Heimgehen, und zerrissen war der Zauber, der mich so beglückte.

Ein Wort von diesem alten ehrlichen Manne, womit er mich sehr zu lachen gemacht hat, muß ich anführen. Neben dem Hospitale zeigte er mir ein Haus, und sagte mit geheimnißvollen Blicken:

„Dort, Herr! dort sitzen die Galiläer.“

Galiläer?

„Ja Herr, ja Herr. Das ist Schelmen„pack, was den Galgen hundertmal ver„dient hätte; aber unsre Herren sind eben „gnädig und machen sie zu Galiläern!“ Nun merkte ich freylich, daß von Galeriens die Rede war.

Ein originaler Ausdruck meines Kutschers ist, daß er jeden liegenden Grabstein „den Todtenbaum“ nennt. — Auf der Promenade habe ich viele Leute lesen sehen, besonders aus den niedern Ständen. Auf einer Bank las Mann und Frau, die Kinder spielten neben ihnen.

Den 26sten früh sah ich das Zeughaus. Es ist besonders an schwerer Artillerie sehr reich. Eine bestimmte Zahl von Arbeitern ist täglich darin beschäftigt. Auch hier, wie zu Basel, stehen zwey von denen Kanonen, die Karl der Kühne mit nach der

Schweiz gebracht hat. Seine Pistole ist auch hier. Sie ist nach dem Gebrauche damaliger Zeit groß, schwer, und mit Elfenbein eingelegt. Seinen Kammerdiener, der von allen allein so glücklich war, ihm nachzuschwimmen — erschoß er in der Verzweiflung. So hatte ich denn die ganze Macht, die Karl der Kühne in seinen letzten Augenblicken besaß — jetzt in meinen Händen. Eben so eingelegt, und eben daher, standen viele schwere Gewehre in der nehmlichen Reihe. Auch hier sind Stricke, womit er die Schweizer würde haben hängen lassen, wenn er sie geschlagen hätte. — Welche Verwandlung der Dinge! Wenn Karl sich hätte sagen sollen, daß diese Stricke, im Zeughause von Bern aufgehangen — einst das Monument seyn würden, wobey man seiner gedenken muß! Uebrigens sind noch viele Harnische, Panzerhemden und mehrere alte Waffen da. An einem andern Platze hängen fünf Schwerter über einander. Mit Ehrfurcht sagte der alte Lehnlakey:

„Mit jedem sind hundert und einer „gerichtet.“

Das macht gerade fünfhundert und fünf, erwiederte ich.

„Ja Herr, ja Herr,“ sagte er, faltete die Hände und sah sie betheuerlich an. — Bey Herrn Samuel Gabriel Führer sah ich sehr gute Gemählde. Noch einige Reste von Aberli, und einige sehr schöne Stücke von Freudenberger. Die Abreise des Soldaten aus seiner Familie, seine Wiederkunft, dann ein Stück ländliche Zufriedenheit, worin der sanfteste Ton mit der einfachsten und gerade deswegen sehr überraschenden Wahrheit herrscht.

Bey Herrn Rieder sah ich den Bieler See illuminirt. Diese Arbeit hat nicht den Eindruck auf mich gemacht, den jene des Herrn Hartmann bewirkte.

Ich muß der sehr einfachen Ueberschrift des Zeughauses erwähnen. Ueber dem Haupteingange sind drey Schweizer in der alten Tracht gemahlt. Sie haben die Unterschrift:

„Als Demuth weint' und Hochmuth
„lacht',
„Da ward der Schweizerbund ge-
„macht.“

Mich dünkt, dieß sagte sehr kurz die Geschichte, wie sich die Schweiz zu einem Freystaate gebildet hat.

Bern führt einen Bären im Wappen, deshalb werden im Wallgraben mehrere Bären auf öffentliche Kosten unterhalten.

Solche Anhänglichkeit an alte Sitte scheint vielen gleichgültig oder gar unnütz. Ich denke nicht so. Mit alter Sitte und Gebrauch erhält sich auch mancher gute alte Grundsatz. Die Volksbegriffe, wenn sie gewaltsam von einem Herkommen los gerissen werden, scheiden sich hernach so leicht von manchem, was zum Heil des Ganzen wohl gerathen wäre, wenn man es beybehalten hätte. Ich erinnere mich hierbey der Antwort, die mir einst ein alter Schiffer gab. Ich fuhr an einer Rheininsel vorüber, und fragte ihn, wem sie gehöre.

„Dem Kurfürsten,“ sagte er, „dem ge„hört sie jetzt, aber ehedem den Kar„thäusern.“

Mit Lebhaftigkeit antwortete ich. Da hat der Kurfürst sehr recht gethan. Er besann sich etwas, sah die Insel. — „Ich will es „wohl glauben, Herr! Aber wir haben so „lange geglaubt und glauben müssen, es „wäre so recht gut, wie es gewesen ist. „Wenn eins anders seyn kann, so könnte „auch mehr anders seyn.“ — Es war ein ruhiger, gutmüthiger Mann, der diese Schlußfolge zog.

Dieß beweiset, daß alle häufigen, raschen, schnell einander folgenden Veränderungen leicht gefährlich werden können. Man muß die Ueberzeugung und die Meinung des Volkes vorher gewinnen, den Grund des alten Gebäudes nicht heraus reißen, ohne vorher gestützt zu haben.

So viel wollte ich damit sagen, nicht mehr. Es ist nöthig, daß ich dieß vorher angebe, damit nicht übel wollende Leser sagen: — „Er vertheidigt die Möncherey." So wie ein Rezensent von dem Trauerspiel, die Kokarden, gesagt hat: — „Es pre„digt Diensthandel, Inquisition und Töch„terraub." Da wurde dem Verfasser Gewalt angethan, Wahrheit und Billigkeit verletzt.

Jede Regierung sollte Volksfeste so viel als möglich erhalten und ehren. Sie sind ein Aufruf und eine Beförderung des Gemeingeistes, der so viel Gutes bewirkt. Dabey werden Freundschaften gestiftet, Gedanken und Freuden in Umtausch gebracht, die frohe Saite ist stark angeschlagen, und sie tönt lange nach.

Man sieht den Berner Bären überall; gemahlt, ausgestopft, geharnischt auf alle Weise. An einem Orte sah ich ihn, wo das Uebrige sonderbar genug dazu sich ausnahm. An einem Thurme, mitten in der Stadt, drehen sich an der Uhr, wenn sie vollschlägt, verschiedene Figuren um das Zifferblatt herum, denen der Bär vorausgeht. Dieß ist sehr unbedeutend; aber warum oben darüber ein Narr in der Schellenkappe mit dem Kolben die Stunden anschlägt, das begreife ich um so weniger, da die Alten die Zeit sehr ernst darzustellen pflegten. Unter diesem sitzt ein König mit Krone, Zepter und Stundenglase. In kurzer Zeit schlug es wieder voll, und nun schüttelte der König gar ernstlich sein Haupt, und machte den Mund auf und zu. Warum haben doch die Künstler der alten Zeit an die großen und allerwürdigsten öffentlichen Gebäude fast immer auf irgend eine Art eine Karikatur angebracht?

Um neun Uhr fuhr ich aus Bern weg, das heute noch mehr als gestern lebendig und angenehm war. Ungern schied ich von dieser Stadt, und mit Trauer von dem Anblick der Eisberge. Vor dem Thore rechts, wo der Weg nach Thun geht, mußte ich mich gewaltsam abwenden. Die Wege im Berner Gebiet, die Brücken — alles was von Staats wegen gebauet ist, hat unverkennbar den Stempel der Würde und des Geschmacks, das Land selbst entspricht dem. Die schönen Hecken von Laubholz hören hinter Bern auf, aber niedrig gehaltne starke Fichtenhecken, deren lebhaftes Grün dem Auge so wohl thut, umgeben Feld und Garten.

Ich fuhr nun auf Luzern zu. Auf dem Wege dahin, zwey Stunden von Bern, kommt man durch Hindelbank, wo der berühmte Grabstein ist, den Nahl für die verstorbne Langhans verfertigt hat.

Ich bin mit diesem Kunstwerke durch Erzählung und das Kupfer, welches man davon hat, schon lange bekannt. Dennoch hat mich der Anblick so überrascht, als ob ich nichts davon gewußt hätte.

Allerdings ist große Wahrheit in diesem Werke, aber keine sanfte Wahrheit. Diese Wahrheit, die hier dargestellt ist macht keinen erhebenden Eindruck. Sollte das Auferstehungsbild auf Hoffnung und Glauben sanft wirken, so hätte dieses Denkmahl eine andre Stelle haben müssen. Etwa in einer nicht tief gewölbten Nische, oder ganz frey, würde die Einbildungskraft die Auferstehende frey wandelnd denken können. So wie es jetzt ist, wird diesem Gefühl Gewalt angethan. Man geht hinzu, mit dem Gedanken, eine Verklärte zu sehen, die aus der Nacht des Grabes steigt, und dem Weltgericht entgegen ruft — „Hier „bin ich und die du mir gegeben hast“ — Da wird aber (was freylich so wie jetzt der Stein liegt, nothwendig ist) erst ein Schloß geöffnet, ein breterner Laden aufgehoben, zwey eiserne Stäbe, die den Laden tragen, bleiben liegen, und darunter kreiset etwas tief die liegende Figur mit dem Kinde unter den gebrochenen Steinmassen hervor.

Wenn ein vortreffliches Kunstwerk die Wirkung, die es machen kann, ganz hervorbringen soll, wie vieles liegt doch dann an der Anordnung der Nebenumstände!

Bey diesem allem, was, ehe ich zum Anblick gelangen konnte, erst weggeräumt werden mußte, und bey dem ersten Anblicke selbst — drängte sich mir das Gefühl auf: — Das, was du siehest, ist nicht eine Auferstehende; es ist eine lebendig Begrabene.

Dieser erste Eindruck, den ich weder schaffen noch hindern konnte, ist mir geblieben. Diese Auferstehung verkündiget nicht den Athem der Allmacht, der mit Eins die schlafende Welt an den Tag ruft! Es ist ein menschliches Bestreben, einem Jammer zu entkommen. Der sehr seitwärts gewendete Kopf hat den Anblick des unter einem Druck Erliegenden, und bildet die Idee aus.

Als Kunstwerk übrigens, ist dieser Grabstein ganz vortrefflich. Der gespaltene Stein hat den höchsten Grad möglicher Täuschung. Mehrere Male glaubte ich zusammengesetzt, was doch nur Ein Stück ist.

Man sieht, daß die Idee, wie der Künstler sie nun einmal gefaßt hatte, in derselben Wärme ihm immer geblieben ist. Um so schmerzlicher war es mir, daß theils Nebendinge den großen Eindruck theilen, oder anders richten.

An dem Gesichte der Frau ist die Nase verstümmelt, zwar wieder angesetzt, aber mit weißem Kitt, der sichtbar ist, und dessen Reste bey dem Ausbessern auf dem Steine neben dem Kopfe liegen geblieben sind. — Das Denkmahl ist um so ehrwürdiger, da es des Künstlers Mitgefühl an seines Freundes Leiden, bey dem Verluste des guten schönen Weibes, geschaffen hat. Der Gedanke, der hier verewigt ist, kam aus Nahls Herzen! Ein Denkmahl des Generals von Erlach, in einer großen schwarzen Nische hinter einem Vorhange, hat viel Weiß und Gold und Armaturen. Es hat mir nicht gefallen. Der Landsitz der Famille Erlach liegt unweit Hindelbank, rechts von der Straße. Eine vortreffliche Anlage in der reitzendsten Gegend, mit schönen Gebäuden, großen Gärten, und allem, was nur das Leben angenehm machen kann.

Ich kam von da um die Mittagszeit auf Kirchberg; die Schweizer sprechen es Kilchberg aus. Ich bin dort gut und auch billig behandelt worden. Ein Vorzug, den ich fast von allen Schweizerischen Gasthöfen, auch von denen in den kleinsten Dörfern, gegen Deutschland, wo man mehrentheils schlecht behandelt wird, und doch theuer bezahlen muß, rühmen kann.

Man ist unzufrieden, daß die Kantone nicht, wie in andern Ländern, Extraposten einführen. Es ist gewiß, daß die Schweizer Kutscher, die nur kurze Tagereisen machen, den Reisenden aufhalten. Aber es ist doch auch wahr, daß die Anlage von

Extraposten dem Lande offenbaren und großen Nachtheil bringen würde. Alle diese guten, wohl versehenen Gasthöfe, wie sie überall gefunden werden, die in der Gewißheit, dem Reisenden zur Mittagszeit oder zu Nachtlagern sehr nöthig zu seyn, gut bestehen können, würden dann mehrentheils außer den Hauptstädten eingehen müssen. Wie viel trägt dieß nicht auf ein ganzes Land aus, und um wie vieles verminderte nicht die schnellere Reise der Fremden die Cirkulation des Geldes? So ist es auch mit dem Fuhrgelde. Zwey Pferde für 5 Fl. 30 Kr. den Tag und eben so viel für den Rückweg, dazu nur dreyzehn Stunden fahren, das scheint arg; aber dreyzehn Stunden Extrapost fahren, kostet mit Trinkgeld und Schmiergeld, mäßig berechnet, 9 Fl. 30 Kr. Die Schweizer Fuhre kommt also doch nur 1 Fl. 30 Kr. mehr. Hat man aber die Einrichtung treffen können, den Kutscher zu der ganzen Reise zu behalten, so ist die Rückreise des Kutschers kurz, und dann ist die Schweizer Reise offenbar wohlfeiler als eine Reise in Deutschland. Ich habe zu Murgarten übernachtet. Der Kutscher wurde dort an einer heftigen Kolik sehr krank. Es versteht sich, daß ich ihm alle Hülfe leistete, die mir möglich war; aber wie ungezwungen sorgfältig waren die guten Hausleute um ihn! Der Mensch war bey ihnen durchaus unter den Seinen. Es war weder zu viel noch zu wenig in dem was sie thaten. Niemand schien, jeder war — und so vom ersten bis zum letzten. Er genaß und ich fuhr den 27sten um sechs Uhr früh weiter.

Vom Regenwetter, das gestern Abend eingefallen war, war es heut sehr kühl. Ueberall stiegen dicke Nebel aus den Wässern und Wäldern auf. Es dauerte lange, bis der erste Sonnenstrahl nur schwach dämmern konnte. Dann entstand ein Kampf zwischen Steigen und Fallen des

Nebels, welcher den Vormittag bis gegen eilf Uhr unangenehm machte, um so mehr, da ich mit der eilften Stunde das schöne Berner Gebiet hinter Zofingen verließ. In diesem Lichte zwischen Nebel, tief hängenden Wolken und dem durchbrechenden Sonnenstrahl, sah ich die Festung Aarburg. Ihre gemauerten Werke auf dem Berge, die grünen Wälle, hohen Thürme und unten im Grunde an der Aar die Häuser des Städtchens, nahmen sich sehr gut und mahlerisch aus. Hieher sind die Gefangenen gebracht worden, welche neulich bey den Unruhen im Pays de Vaud vorzüglich als Anstifter erkannt wurden. Der Kanton Bern hat, dem Bewußtseyn seiner Würde und der Volksruhe gemäß, so, und nicht mit gefährlicher Nachsicht, zu handeln nöthig gefunden. Im Luzerner Gebiet wird die Chaussee merklich schlechter; doch soll dieses nicht an dem Mangel von Sorgfalt, sondern daran liegen, daß man hier nicht den Kies hat, womit im Bernischen die Chausseen überfahren sind.

Aber auch die niedlichen Bauerhäuser hören auf, deren fast jedes, mit dem, was zu ihm gehört, den Haupttheil eines Landschaftsgemähldes ausmachen kann. Keine der freundlichen Gallerien mehr, nicht die hohen, hellen Fenster, nicht die mit Kiesel oder Platten belegten reinlichen Vorplätze, die symmetrische Aufbewahrung des wohl erhaltenen Ackerbaugeräthes — alles dieß hörte auf, und verwandelte sich auffallend in den Gegentheil. Nun kamen wieder die schlecht gebaueten Schindeldächer, wie im Bisthum Basel. Sie sind mit Steinen belegt, daß der Wind sie nicht wegführe. Räucherige Häuser, Schmutz und häufiges Betteln. Dieß dauerte bis Sursee, wo ich einen wenig bevölkerten Ort, einen theuern Gasthof und sehr gewöhnliches Mittagsessen traf. Auch war das Land selbst weder! schön, noch die Berge jene kühnen Massen, die so sehr anziehen und hinreißen.

Bald hinter Sursee wurde der Weg besser. Der Sempacher See, an dessen Ufern die berühmte Schlacht gegen den Erzherzog Leopold von Oestreich gewonnen wurde, macht eine schöne Landschaft.

In der Mitte der Landstraße von Sursee bis gegen den Sempacher See, sieht man rechts wieder hohe Schneegebirge. Links am Ende des Sees liegt das Dorf Sempach. Von da an werden die Dörfer wieder wohlhabender, reinlicher. — Die Hügel, über die man nun fährt, wechseln ab mit Nadelhölzern, Höfen, Weihern und Bächen, die sie bewässern.

Am Ende eines solchen Wäldchens, welches klein, aber durch hohe Tannen sehr dunkel ist, sah ich — noch freue ich mich, wenn ich dieser Ueberraschung gedenke — eine der grossen Schweizer Scenen.

Ein breites, schwarzes Gebirge — welches aus diesem Gesichtspunkte mehr ein einzelner Berg zu seyn schien — das Haupt ganz in Wolken gehüllt — niedriger, zu beiden Seiten, helles Schneegebirge in kühnen Massen. Allmählich senkte sich die Wolke von der Höhe herab, und die Sonne in ihrer ganzen Klarheit, beleuchtete zerrissene Wolkenstürmer in Eis und Schnee! Immer mehr wich die Wolke dem Sonnenglanze, und bildete lichtgrau rund um den Berg einen Kranz — der den untern schwarzen Wald und die Schneespitzen oben schied. So blieb sie lange, und wie die Sonne viel oder wenig bedeckt war, prangte diese Welt in mannigfachen Schattirungen.

Es ist der Pilatusberg. — Ganz oben auf demselben an der Nordseite ist ein Weiher, wohinein nach der Meinung des Volkes, die Seele des Pilatus gebannt ist.

Ach der arme Pilatus! Er war ein Hofherr, wusch seine Hände, ließ den Unschuldigen geißeln und blieb Landpfleger. Wenn alle, die nach ihm — ohne auch nur Wohlstands halber vor dem Volke die Hände zu waschen — moralisch die Menschen der Geißlung hingegeben haben, hier hinauf gebannt werden müßten — welch eine Gesellschaft würde da oben zusammen kommen.

Der Berg verliert sich bald aus dem Gesichte, bald kommt er dem Auge näher, wie der Weg sich wendet. Aber immer mehr und mehr setzt er in Erstaunen — vollends zuletzt, als die Wolken ganz verschwunden waren, und er da stand an der Spitze aller übrigen, majestätisch und fürchterlich!

Dörfer, und so manche reitzende Abwechselungen der schönen Natur bringen ihn nahe vor Luzern auf einige Zeit ganz aus dem Gesichte. Aber immer größer und erhabner sieht man ihn wieder und jedes Mahl in anderer Gestalt. Zuletzt wurden die Thäler, die er an seinem Fuße bildet, deutlicher, indem man näher kommt. Aus diesen fließt die Emmat aus, und rauscht schnell am Wege hin, immer schneller, je näher man Luzern kommt. Nun werden auch die Höhen, die vom Wege an hinauf gehen, steiler, aber doch sind sie mit Korn bebaut. Landhäuser und nackte große Felsenwände wechseln ab; der schönste grüne Teppich kleidet die Ufer. Hinter einer großen Brücke, über die man fährt, wird das Thal immer enger und dunkler, bis dicht vor Luzern, wo es sich, wie gewaltsam aus einander gerissen, öffnet. Es war nahe am schönen Lichte des Sonnenunterganges, als ich Luzern mit seinen weißen Mauern und Thürmen, dahinter die gewaltigen Gebirge, welche den Waldstätter See umgeben, und vor mir wieder andre hohe gespaltne Schneegebirge sah. Im Hereinfahren bemerkte ich viele nicht nur schöne Mädchen, sondern auch mit den edelsten Physiognomien.

Ich bin im Hirsch eingekehrt. Mein erster Gang war gleich an den Luzerner See. Die langen Brücken, die über denselben zu dem andern Theile der Stadt führen, sind oben unter den Dachspitzen mit Schweizergeschichten und biblischen Geschichten gemahlt. Es war zu finster für den Ort, wo sie nicht am besten angebracht sind, als daß ich jetzt hätte lange dabey verweilen mögen. Auch zog der große Anblick des Sees, die Nacht im Hintergrunde desselben, von den schwarzen, aus dem See an die Wolken gerade aufsteigenden Bergen, zu sehr meine ganze Aufmerksamkeit und mein Gefühl dorthin. Wer eine Stunde in den See fährt, sieht, wie er sich in drey Arme hinter den Bergen theilt. Das wäre mit hin und her drittehalb Stunden; aber auch diese konnte ich nicht mehr aufwenden. Ob ich gleich nur eine Nacht zu Basel war, so habe ich doch einen halben Tag zu lange dort verweilt, der mir nun hier abging.

In dem andern Theile der Stadt liegt die Domkirche. Ein einfaches, edles Gebäude, dessen Orgel sehr berühmt ist. Sie muß außer ihrer Größe auch noch durch den Hall des großen Gebäudes, das durch nichts inwendig verbauet ist, große Wirkung machen.

Im Rückkehren von da stand der Pilatusberg gleichsam dicht vor mir; die andern Berge, wie hoch sie auch seyn mögen, scheinen klein neben diesem.

Ich sah auch noch die Kirche der ehemaligen Jesuiten; sie hat nichts Großes. Alles Goldne und Geschnitzte ist Spott, wo die Werke der Natur so allmächtig groß daneben stehen.

Das Hotell des päpstlichen Nuntius sah ich liegen, und an der Rückseite des Rathhauses ging ich vorüber. Es hat nichts, was Eindruck auf mich gemacht hätte.

Der Spanische Gesandte war den Tag zuvor hier angekommen. Der Französische ist von Solothurn weg nach Baden.

Das Interesse von Frankreich setzt alles auch hier in Bewegung. Noch diese Nacht kam ein Kurier des Raths von Bern, und es ward sogleich Rathsversammlung angesagt.

Eine Sitte im Luzerner Gebiete, die mir sehr gefällt, ist, daß ihre Kirchen den ganzen Tag bis in die Nacht offen stehen. So soll es auch seyn, bey einem Gebäude, welches der Verehrung der Gottheit geweiht ist. Der Mensch soll bey frohen und trüben Stunden, wo er hier Dank bringen, oder Trost holen will, nicht erst auf den warten müssen, der ihm die Thüre aufschließt:

Den 28sten sah ich das Zeughaus, wohin ich, wie zu dem Herrn General von Pfyffer schon gestern Abend Karten mit Bitte um Erlaubniß geschickt hatte.

Das Zeughaus ist in Vorrath und Anordnung dem von Basel zu vergleichen; doch ist durch mehrere ganz besondere Eigenheiten der Geist der alten Schweizer hier ganz besonders waltend.

So ist am großen Eingange ein Gewappneter, der sich bewegt. Eine große, den Türken abgenommene Flagge, fällt gleich besonders ins Auge. Unter den Fahnen, welche die Luzerner im Kriege erbeutet haben, sind auch sehr viele, dem Erzherzog Leopold in der großen Schlacht bey Sempach abgenommene Fahnen hier aufgestellt.

Ein doppeltes starkes Seil in der Länge des Zeughauses ist unter der Decke befestigt.

Es sind viele eiserne Haken darin, und man giebt vor, der Erzherzog würde, wenn er die Schlacht gewonnen hätte, die gefangenen Schweizer daran haben hängen und ertränken lassen.

Ein geharnischter Mann hat unter seinen Füßen zwey Pfeile kreuzweise zusammen gebunden. Einer davon ist, wie die Inschrift sagt, ihm durch den Hals ohne Verletzung der Gurgel gefahren. Er hat darnach lange noch gelebt.

Weiter hin, wo das schwere Geschütz steht, und über demselben, sind zwey Ritter in übergewöhnlicher Größe. In ihrer Mitte hängt etwas Schwarzes, wie ein Kleidungsstück alter Zeit, über demselben ein Gemählde in goldnem Rahmen, Schwert und Kommandostab. Ich war sehr begierig es zu sehen, um so mehr, da die beiden Ritter mit zornigen Blicken nach dem schwarzen Kleide blicken, woran jeder die Hand legt.

Die Unterschrift meldet, daß diese die beiden Anführer des Schweizer Heeres bey Sempach sind, die Ueberwinder Leopolds. Sie haben das Panzerhemd des Erzherzogs von schwarzem Draht in ihrer Mitte. Das Gemählde ist, nach des Führers Sage, das des Erzherzogs.

Es ist ein jugendlicher freundlicher Kopf, mit gelbem Haar. Zwischen den bärtigen Kriegern, die sein Gewand pakken, erregt der Gedanke an sein Unglück Mitleid.

In den Fenstern umher sind die Wappen aller Kantone, und unter denselben die allerältesten Waffen in Gruppen geordnet.

Im andern Stocke ist wieder ein Krieger mit Spieß und Schwert, der den Kopf bewegt.

Rund um einen Tisch sitzen drey geharnischte Männer mit einer Unterschrift, die ungefähr sagt:

„Wir

„Wir sind hier ruhig, sollten wir aber „geweckt werden, so würden wir aufstehen „und mit Lärm drein schlagen.“

Nun erhebt sich unbemerkt die mittlere Gestalt, biegt sich herüber und schlägt, das Schwert in der Hand, mit großem Geräusch auf den Tisch. Nahe daran stehen zwey Figuren, in der Tracht der ehemaligen Schweizergarde zu Wien, welche Kaiser Joseph abgedankt hat. Die Fahne mit dem Oesterreichischen Wappen ist in ihrer Mitte.

Welch ein Kontrast! eine Treppe tiefer, halten Schweizer Krieger den Rock eines Fürsten, den sie vernichtet haben, in ihrer Mitte. Und hier sind Krieger desselben Volkes als Leibwache eines Fürsten desselben Hauses aufgestellt!

Mit Oesterreich und der Schweiz — sind seit der Zeit große Veränderungen vorgegangen. Auch zeigte man mir den Streitkolben und den Helm, den Ulrich Zwingel getragen hat. Der Helm hat ein Loch von einem gewaltigen Schlage.

Von hier ging ich das Hospital zu sehen. Es scheint noch größer zu seyn als das zu Bern, und ist so gesund gelegen wie jenes. Ich sah auch die Kirche der Franziskaner, wo ehemals die gewonnenen Fahnen der Luzerner wirklich hingen. Jetzt sind sie nur an die Gewölbe der Kirche gemahlt. Auch sah ich den kostbaren Bau des Jesuiter-Kollegiums. Die Gallerie ist durch drey Stockwerke mit Gemählden der Väter aus allen Nationen behangen.

Ach! welch ein Reichthum für den Gesichtskenner! In dem einsamen Gebäude, den langen Hallen hingen die abgebleichten Gesichter an den Wänden da — nur hier und da ist in einem Augenwinkel unterdrückte Lüsternheit zu ahnden — aber, in den mehrentheils scharf geschlossenen Kinnladen — ist eiserne Beharrlichkeit, und auf der unumwölkten Stirne — Rath für alles! Man athmet freyer, wenn man wieder draußen ist.

Ich ging wieder auf die bedeckte Brücke, wo eben auf dem See alle Gattungen von Schiffen ankamen und abgingen.

Heute konnte ich die großen Gebirge erst recht unterscheiden, das Buchseer Horn, den Rigi. Sie lagern sich vorn, wie ehrwürdige Säulen in weiter Oeffnung, bilden hinten niedere Wände und im Grunde des Sees die ernsteste Nacht.

Es war überall Bewegung auf dem See. Der Himmel war gestern sehr gedeckt. Mein Führer hatte dennoch gutes Wetter prophezeiht nach dem Reime:

„Hat der Pilatus einen Hut,
„So wird morgen das Wetter gut.

Es traf ein. Mit eins durchbrachen die Sonnenstralen das Gewölke, und fielen in dem dunklen Hintergrunde auf den See, der wie rollendes Silber aus dem finstern Gebirge vordrang. Ich verweilte lange hier, und hörte auch noch das herrliche Geläute vom Dom.

Dann ging ich, die schätzbare Arbeit des würdigen General Pfyffer zu sehen.

Es ist in Europa bekannt, daß er den größten Theil der Schweiz en bosse verfertigt hat.

Gefühle von Ehrfurcht und Liebe, für den Muth, den Fleiß, die Ausdauer und Genauigkeit des Künstlers haben mich angenehm beschäftigt, während ich vor dem Werke da stand. Es ist zum Erstaunen, mit welcher Pünktlichkeit alles und alles bestimmt ist. Die Masse ist hart wie Stein; die Dörfer sind eiserne Stifte, denen die Farbe dessen, was sie vorstellen, gegeben ist. Das Ganze ist also schwerlich zu verwüsten; etwas, das bey Werken der Art den schönen Eindruck so sehr mindert, wenn man es befürchten muß. Nachdem ich dieses Werk gesehen hatte — davor berechnen und übersehen konnte, was ich auf meiner Reise gesehen hatte und nicht gesehen — so war ich lebendig überzeugt, so viel Schönes ich auch gefühlt und bewundert habe, so habe ich von den eigentlichen Wundern der Schweiz — doch nur sehr wenig gesehen.

Der Pilatusberg, der in Luzern vor mir liegt — den ich auf der Tafel des Generals ausgebreitet vor mir sehe — übersehe — der mich so entzückt, mir so einzig geschienen hat! was ist er gegen die Berge, die hinter ihm liegen? Traurig über diese Wahrheit kehrte ich zu dem Kunstwerke, als solches, zurück, sah dann das Gemählde des Generals in Alpenschuhen, in der Kleidung, wie er seine Reisen und Zeichnungen gemacht hat. Ich freute mich des heitern offnen Gesichts, als er indem selbst kam und mit wenig Worten zu seiner glücklichen Bildung — den Mahler bestätigte, der ihn portraitirt hat.

Wir sprachen von Deutschland, von der Art wie — und ob das neue Französische System, angewendet auf uns und den Umsturz unserer Regierungen, Fortgang finde.

Ich freue mich, meine Denkungsart über diesen Gegenstand von einem Manne bestätigt zu sehen, der Länder, Regierungsformen und Menschen so sehr und so lange kennt. Er verabscheute die Mißbräuche der vorigen Französischen Regierung, wie es jeder ehrliche Mann thun muß, und war eben so entrüstet über die gewaltsame Verdrehung des Menschenrechtes, die in der That, neben schönen Worten, jetzt dort herrscht.

Ich besah, und rathe jedem das nehmliche zu thun, das herrliche Werk noch einmal, indem die Decke (welche nicht dicht auf demselben, sondern auf dem erhöhten Geländer, welches herum geht, ruht, und an den Seiten mit Leinewand behängt ist) darauf herab gelassen ward. Es war nun als übersähe ich die ganze Schweiz — Berge, Thäler, Seen; Flüsse, Dörfer, Städte und Wälder in einer Abenddämmerung. Dieß machte eine romantische Wirkung, so daß ich lange nicht davon wegkommen konnte.

Ich muß noch bemerken, daß außerdem, daß Nadelhölzer und Laubhölzer besonders angedeutet sind, auch alle Felsen und Berge die ihnen eigenthümliche Steinart und Farbe haben. Die Straßen sind durch Chenille, die Quellen durch Silber, die Seen aber durch grünes Wachstuch angedeutet, selbst einzelne Häuser sind abgebildet. Einer Stelle, welche auch deutlich aufgenommen ist, muß ich besonders erwähnen. Bey einer Reise auf die Gletscher war der General einst auf der Höhe des Berges, und jeder Schritt auf dem Eise klang hohl wie eine Trommel. Es befremdete ihn. Er ging also mühsam herab, über Berg und Thal, und suchte, wie er ganz unten war, an die Stelle hinauf zu sehen, wo er oben gegangen war. Aber welches Erstaunen ergriff ihn hier, als er sah, daß die Stelle, welche den hohlen Klang gegeben hatte, ein Abhang von Eis war, der über dem fürchterlichen Abgrunde sechs Fuß breit ohne alle Stütze herüber hing!

Gegenüber der Stadt und dem hohen Wartthurme, auf welchem eine geharnischte Figur, den man den Lug ins Land nennt, heraus sieht, liegt auf einer fruchtbaren Berghöhe, ein Garten und Gartenhaus, welches einer Fräulein von Pfyffer gehört. Hier hat man eine vortreffliche Aussicht.

Auf dem Luzerner See steht ein Thurm, welcher oben das Gefängniß, unten aber die Schätze des Staates enthält. Der Gefangene hat also die Himmels- und Erdenseligkeit beyde sehr nahe.

Dieser Ort erinnert mich, eine tragische Geschichte, welche zu Luzern sich zugetragen hat, zu erzählen.

Ein ansehnlicher Mann, der die Einnahme des Staates im Hause hatte, ward bestohlen. Die Diebe verloren im Weggehen vieles Geld am Hause auf der Straße. Er zeigte die ganze Sache an. Man glaubte ihm nicht, und hielt dafür, er hätte das Geld veruntreuet. Durch Urthel und Recht ward er und die Seinen aus der Schweiz verbannt.

Sein Sohn, ein großer schöner Mann, ward Hauptmann in kaiserlichen Diensten.

Nach langen Jahren ward eine Räuberbande — in Freyburg eingezogen und hingerichtet. Sie gestand unter andern Verbrechen, den Diebstahl bey dem Verbannten begangen zu haben. Der Rath von Luzern berief den Unglücklichen sogleich zurück, und suchte seinen erlittenen Schaden zu ersetzen.

Allein der Sohn konnte die Behandlung niemals vergessen. Er verließ die kaiserlichen Dienste und kam nach Luzern, wo er Rathsherr ward. Man beschuldigte ihn in der Folge, nicht ohne Grund, der Aufwieglung des Landvolks im Kanton. Er ward im sitzenden Rath ergriffen, wo man Papiere bey ihm fand, die seine Theilnahme am Aufruhr bestätigten. Ganz Luzern war in Bewegung, und der Rath nahm die ernste Sache von ihrer ernstesten Seite. Er ward gesetzt und ihm der Prozeß gemacht.

Doch fand er Mittel zu entkommen.

Man erfährt es am Morgen. Die Thore werden geschlossen, die Miliz aufgeboten, alle Posten und Wachen werden verdoppelt. Auf den öffentlichen Plätzen und Straßen reiten unter Trompetenschall Herolde umher und rufen aus:

„Unsre gnädige Herren lassen euch wissen, daß der Rathsherr N. N. entwichen „ist. Wer ihn herberget oder auch nur „verhehlt — soll angesehen seyn, als wäre „er in dessen Fußstapfen getreten.

Die ganze Stadt ist in Schrecken, jeder fürchtet, er sey daher geflüchtet, jeder fürchtet ihn zu finden.

Indeß bleiben die Thore geschlossen, das Nachsuchen wird verdoppelt — der Rath ist versammelt, und jeden Augenblick gelangen die Berichte der Suchenden vor die Versammlung. Der Flüchtige war aus seinem Kerker von Dach zu Dach und endlich in eine alte Kutsche gekommen, wo er sich verbarg.

Er hört das Geräusch aus der Ferne, das Zusammenlaufen in der Nähe — er hört seinen Namen nennen, er hört Trompeten. Das ist das Landvolk, denkt er, sie kommen — sie sind da, sie wollen dich retten! Er geht aus der Kutsche hervor, ein Mann, der dort arbeitet, kommt ihm in den Weg. Er war ehedem bey seinem Vater Kutscher. Was ist das? fragt ihn der Unglückliche, was will der Lärm, die Trompeten?

Ach Gott, junger Herr, das gilt euch. Ihr werdet ausgerufen, wer euch sieht und nicht angiebt, soll angesehen seyn als wäre er in eure Fußstapfen getreten. Was soll ich nun thun? Ich kann nicht meine Hände in eurem Blut waschen, und sage ich nichts, so bin ich der Mann des Todes! Ihr habt ja mehr Verstand als ich, rathet mir, junger Herr, was soll ich thun. Was ihr mir rathet, das will ich thun.

Der junge Mann — sann einen Augenblick — über Tod und Leben, dann faßte er den alten Mann bey der Hayd: — „Geht „hin zum Oberrichter (seinem Verwandten) „sagt ihm, daß ich hier bin, man soll kom„men und mich holen.“

Der alte Mann — geht — steht — blickt ihn an — hört die Trompeten schmettern, und geht hin, zu thun was er ihm heißt.

Indeß dringt Lebenslust mit aller Macht auf den Mann des Unglücks — er geht fort nach dem Thore zu. Er war in der Nachtmütze — die Wachen sehen ihn an — stutzen — er eilt, das Thor ist zu — die Wachen schließen nun auch hinter ihm. Man sendet gleich Bericht an den Rath.

Sechsfach umgeben, von allen Gewehren die Bajonette auf ihn gerichtet, ward er durch das stille Volk in das Rathhaus gebracht. Vor der großen Treppe empfing ihn ein Mitglied des Raths, und hieß ihn in den Thurm bringen.

Er ward fast wie Trenk geschlossen. Der Aufseher selbst berichtet endlich dem Rath, er werde dieß nicht ausdauern. Man setzt Ihn gelinder. Sein Prozeß wird gemacht. Ein naher Verwandter war Oberrichter. Der Rath war abgetreten das Urtheil zu fällen. Ein Ausschuß nähert sich dem Oberrichter —

„Gnädiger Herr, sagen sie ihm, wir „haben uns gezwungen gesehen, euren Nef„fen zum Tode zu verurtheilen. Sprecht „nun eure Stimme über die andern Mit„schuldigen."

Der Oberrichter sah mit gebrochenem Herzen zu Gott, eine helle Thräne lief herab, dann sprach er mit festem Tone:

„Ihr Herren habt gerichtet nach der „Gerechtigkeit, ich will richten nach der „Barmherzigkeit!"

Die Mitschuldigen wurden begnadigt.

Der Schuldige hörte sein Urtheil standhaft — „Das Volk soll bey meinem Aus-

„ganze wissen, warum ich sterbe:“ war seine Antwort.

Man gebietet also vor und hinter ihm die Trommel zu rühren. Die Geistlichen schlagen sich ins Mittel, bitten ihn, nicht zu reden. Erinnern ihn an seinen Sohn, den er hinterließe.

„Wird man meinem Sohne die Raths„herrnstelle erhalten?“ fragt er diese. Sie unterhandeln und bringen ihm bejahende Antwort. „Gut, so will ich schweigen:“ sagt er nun. Er wird ausgeführt - - hoch über Volk und Wache sah man seinen Kopf. Er war ein großer schöner Mann. Er war still. Vor und hinter ihm gingen Trommeln, aber still.

Er ward enthauptet. — Der Anfang seines Vergehens war heißes Gefühl erlittenen Unrechts und Schmach. — Hat es ihn freylich zu weit geführt — so wollte ich doch, das gefährliche Mitglied des Staats wäre verbannt — und der unglückliche Mensch erhalten worden.

Der mir es erzählte, enthielt sich jeder Bemerkung. Er faltete die Hände — und sagte: — Er hatte Feinde! —

Um halb Eilf Uhr fuhr ich aus Luzern weg. Zu Knonau aß ich zu Mittage. Hier habe ich auf der ganzen Reise in der Schweiz das einzige schlechte Wirthshaus, doch aber guten Willen der Leute, gefunden.

Ich nahm hier zu meinen zwey Pferden, zwey als Vorspann auf den Albis.

Der Weg dahin ist hoch und wird zuletzt sehr steil. Es war Abends Sechs Uhr, als ich an dem Wirthshause oben auf dem Berge ankam.

Ich eilte, mich gleich auf die Hochwacht, eine halbe Stunde davon, führen zu lassen. Ich wollte hier die Sonne untergehen sehen,

und

und kam eben noch zu rechter Zeit, der Abend war heiter, ich hätte ihn nicht besser wünschen können. Da sah ich in der Ferne den Luzerner See, näher vor mir den Zuger See und die Stadt Zug. Hinter diesen den Pilatusberg bis herab an seinen Fuß, neben ihm den Rigi. Mehr seitwärts die Eisberge, die ich zu Bern verlassen hatte, die Jungfrau — das Schreckhorn. In grauer Ferne den Gotthard, dazwischen nähere Schneegebirge. Vor mir links den Schwarzwald, die Gegend von Freyburg; nach Basel zu den Hauenstein — und dicht wie unter meinen Füßen, den Zürcher See, die Stadt Rapperschwyl, und allen Segen, der umher auf Hügeln und Flächen, Wiesen und Inseln verbreitet lag. Wenn ich im Entzücken davon weg um mich blickte — nach Luzern und Bern hin — unzählige Dörfer, Schlösser, kleinere Seen, Weiler und Höfe. Alles wiederstrahlend in feurigem Abendroth.

Die Schatten warfen sich in den Zürcher See — bis endlich das ganze Land unter einem blauen Dufte eine andere, aber doch noch kenntliche Gestalt erhielt. Die Abendwinde wurden nun stärker, es ward kalt. Hier und da schallten Glocken von den Dörfern herüber, und bey einer Windstille hörte man näher bey sich das Geläute von Kühen, die einzeln am Berge von der Weide heimkehrten. Dicht vor mir hob sich aus den grünen Thälern ein hoher, spitziger, schmaler Berg mit Tannen bewachsen. Der Wind bog sie sanft nieder. Als ich noch bey dem Gedanken verweilte, daß in diesen Gründen die Ruinen von Habsburg liegen, und darauf nach den fernen Gebirgen von Lothringen hinüber sah, stand der Mond uns zur Seite, und in seinem Geleite gingen wir hinab zu dem Wirthshause.

Allenfalls hätte ich noch nach Zürch kommen können; aber ich übernachtete auf dem

Alpis, um des andern Tages die Sonne hier aufgehen zu sehen.

Den 29sten um 5 Uhr war ich schon wieder auf der Hochwacht. Der Morgen war lichtgrau. Einige Stunden vom Berge rauchte ein Dorf, worin die Nacht ein fürchterlicher Brand entstanden war.

Kann aber wohl ein feierlicherer Augenblick seyn, als über der Welt, die man hier sieht, die Sonne herauf steigen zu sehen?

Nur die Spitzen der Eisberge leuchteten in glühendem Purpur, als die ersten Strahlen heraufschimmerten. Aber als sie höher am Himmel zitterten, in dem Zürcher See sich spiegelten — nun in der Landschaft Leben und Regen mehr und mehr sichtbar ward — so — Doch ich breche ab. Ich kann diese Empfindung, die ich hier hatte, nicht wiedergeben.

Hätte ich wissen können, daß in diesem Sonnenlichte heute Gustav verlöschen müßte, wie schmerzlich würde ich die schöne Natur gesehen haben!

Der königliche Mensch ist nicht mehr!

Wir haben in diesen Tagen Vieles entschuldigen sehen. Die Kunst der Trugschlüsse, Zauber der Beredsamkeit und Einbildungskraft werden verwendet, Widersinn und Verbrechen für Tugend und Triumph der Menschenrechte auszugeben. Diesen Mord mit Waffen, die das Völkerrecht mitten in der Schlacht verbeut — wird kein ehrlicher Mann entschuldigen, hoffe ich.

Der Weg vom Alpis nach Zürch herab, ist das Bild des Segens und der Wohlhabenheit.

Vor der Stadt liegen Weinberge, Gärten und Landhäuser auf einem Abhange, der bis an den See hinab reicht.

Ich habe im Raben gewohnt, der die Aussicht auf den See hat, und wo Morgens beständig Schiffe ankommen und abgehen. Sie bringen das Bedürfniß für die Stadt und nehmen die Bedürfnisse für das Land zurück. Der Verkehr von diesen allen ist unter den Fenstern des Gasthofes.

Hier hoffte ich zwey Tage zu verweilen, die reitzende Natur zu genießen, und die vortrefflichen Menschen, die hier leben, kennen zu lernen. Ich fand aber Briefe aus Mannheim, die meine so kurze Reise durch eingetretene Umstände noch mehr beschleunigten. Um neun Uhr Morgens kam ich an, und konnte nun nur bis den andern Morgen sechs Uhr da bleiben.

Vormittags ging ich auf gerathewohl in den Gassen und auf den Brücken herum. Die Stadt ist, besonders aber die Vorstädte, mehrentheils wohl gebauet.

Nach Tische sah ich das Zeughaus. Es ließe sich über dieses Zeughäuserſehen recht artig plaisantiren. Ich sehe sie, weil ich von den verschiedenen Kostumen der alten Bewaffnung gern genau unterrichtet bin. Dann — empfange ich in diesen Behältern alter Dinge Eindrücke, die ich wohl mag.

Heute hatte ich den berühmten Bogen Wilhelm Tells in Händen.

Ich sah das physikalische Kabinet und den Versammlungsort der ökonomischen Gesellschaft.

Ich ging am Hospitale vorüber, und sah das Waisenhaus.

Dieses letztere ist ein schönes, gesundes, hoch gelegenes Gebäude mit einem Garten vor dem Hause.

Die Stiftung ist für hundert Kinder aus der Stadt. Man sagt mir, es gäbe andere Etablissements, woraus für die Kinder vom Lande gesorgt werde. Dieß vermuthete ich auch; sonst dünkte mich es ungerecht zu seyn, wenn sie hiervon ausgeschlossen wären.

In diesem Hause ist die größte Reinlichkeit; alle Bettstellen sind von Eisen; die Kinder werden zu militärischen Uebungen angeführt, um ihnen Präzision zu geben; man läßt sie dann Handwerke lernen, und gibt ihnen noch Geld dazu.

Die Promenade auf der Fortifikation ist erst angelegt, und gewährt, da sie hoch liegt, die reitzende Uebersicht von Stadt, Land und See.

An einem Orte sah ich Schweizer Ansichten, und in einem andern Laden habe ich Geßners Brustbild in Porzellan gekauft.

Gegen Abend sah ich die vortreffliche Promenade vor der Stadt. Eine Allee von hohen Bäumen führt rund um eine Halbe insel, an deren Spitze auf einer Seite die Sill, auf der andern die Limmat vorüber rauscht. In ihrer Mitte ist eine große, ebne, lichtgrüne Wiese, worauf ein Pavillon gebaut ist.

Hier wird jetzt das theils fertige, theils in Holz noch entworfene Denkmahl Geßners aufbewahrt.

Ich sah hier ein vortreffliches Basrelief, aus Geßners Idylle Daphnis und Mykon genommen, von der Hand des großen Trippels in Rom. Er vollendet jetzt Geßners Büste, dann wird das Ganze an der Spitze der Halbinsel, als Denkmahl des großen Mannes aufgestellt. Die Sill bildet an dieser Stelle einen Wasserfall, bey dessen sanftem Rauschen man Geßners reiner, edler Gefühle denken, und den Vaterlands- und Kunstgeist der Zürcher ehren wird, die der stillen Tugend und dem Genie dieses Denkmahl weihen.

Der Wiese gegenüber sind Bäder gebaut. Ich ging über die große schöne, grüne Fläche (wo eben die fröhliche Jugend von Zürch in Knabenspielen die schönste Lebenszeit feierte) den Schießplatz hindurch zu dem Spaziergange unter den Linden. Ehedem ist auf dieser Höhe eine alte Burg gelegen. Nun stehen Bäume im Alter mehrerer Jahrhunderte hier. Unter ihrem Schatten ist am Ende des Platzes die Bildsäule Wilhelm Tells.

Abends war der See sehr lebhaft, kleine Gondeln mit Musik fuhren hin und wieder. Der Wiederschein der beleuchteten Stadt im See nahm sich sehr gut aus. Endlich stand der Mond über der ganzen Landschaft da. Bis spät in die Nacht überließ ich mich dem sanften Eindrucke, den dieß alles gewährte.

Man hat in der Limmat eine warme Quelle wieder entdeckt, die schon in alten

Zeiten, ihrer Heilkraft wegen, berühmt war. Es werden große Kosten verwendet, um sie zu fassen und zu erhalten.

Den 30sten früh um sechs Uhr verließ ich Zürch mit schmerzhafter Empfindung, von der schönen Natur so bald mich trennen zu müssen, und so manche edle, vortreffliche Menschen gar nicht gesprochen zu haben.

Das letztere muste ich mir versagen. Berühmte Männer werden so oft und so zwecklos überlaufen, von dem, was sie reden, wird so viel Mißbrauch gemacht, daß es nothwendig die erste Unterhaltung zurückhaltend machen muß. Weit entfernt, Vergnügen und Nutzen zu schaffen, ist der Besuch, den ein eilender Reisender machen kann, bloß eine Befriedigung der Neugierde, oder scheint es doch zu seyn. In diesem Lichte wollte ich nicht würdigen Männern erscheinen, deren Zeit und Muße man achten soll.

Ich halte es für Pflicht, der guten sehr billigen Behandlung im Raben zu erwähnen. Dieser Gasthof, der einen Altan auf den See zu hat, wird ausgebauet, und ist dann zuverlässig einer der besten in der Schweiz. Ich blickte mit Sehnsucht nach den Schweizergebirgen, dem Alpis und dem Zürcher See, von denen ich nun Abschied nehmen mußte.

Auf Eglisau zu läßt der Kanton Zürch eine sehr gute Chaussee führen. Zu Eglisau sah ich zuerst wieder den Rhein. Er ist hier noch sehr unbeträchtlich. Dieser Ort macht einen unangenehmen Eindruck. An dem finstern Stadtthurme las ich die Inschrift:

Supplicium Sceleratorum
Asylum Piorum.

(Das letzte Wort ist mir entfallen, es hätte aber den Sinn.) Beides zusammen kann nicht seyn, oder sollte doch nicht seyn.

Um Rafz herum, wo ich zu Mittage war, ist eine herrliche Ebene. Sie ist von der Größe die einzige, die ich in der Schweiz gesehen habe.

Der Gasthof in Rafz ist groß und wohl gebaut, aber die Bewirthung sehr mittelmäßig. Zu Eglisau soll sie besser seyn.

Um 5 Uhr Nachmittags sah ich den Rheinfall unter dem Schloß Laufen. Man fährt vom Wege ab nach Rhenühansen, von wo ab man zu dem Rheinfall geführt wird. Ich ließ mich übersetzen, um ihn auch von der andern Seite unter dem Schlosse zu sehen. Man schickt auf das Schloß, wo Herr Landvogt von Tscharner wohnt, um die Erlaubniß zu erhalten, daß ein Bedienter die Gallerie öffnet, welche fast in den Rheinfall gebauet ist. Hier sah ich dieses großes Schauspiel der Natur.

Ich beschreibe nichts, denn es ist von einer Meisterhand schon geschehen.

Nur das will ich sagen, daß, indem ich da stand, ein Sturm sich erhob, der die Wogen noch heftiger an die Felsen trieb, wo sie sich brechen. Die Gallerie schien erschüttert zu werden, und ich konnte von da nicht wegkommen: so war meine Seele von dem erhabenen Anblick ergriffen.

Da ich wieder hinüber gesetzt war, und unten am Ufer ging, sah ich links an der Dorfseite, neben dem brausenden Strome einen Theil des Rheines wie klares Wasser den glatten Fels hinab gleiten. Ich sah diese Kontraste gern und lange. Es däuchte mich, ein Gemählde des prächtigen und des stillen nützlichen Lebens zu seyn. Der große Rheinsturz zerschlug sich in Schaum, der, aufgelöst, ruhig und unbemerkt unten fort floß. Die kleine klare Ader des Rheins, trieb eine Mühle, deren Bewohner genährt, zufrieden und traulich an dem Ausfluß ihre Hütte aufgeschlagen haben — Zu Schafhausen wollte man mir mit Gewalt drey Pferde bis Zollhaus aufdringen. Ich lehnte es mit Mühe ab. Doch nahm ich zu Bargen, wegen des sehr hohen Berges, der nun kommt, um vierzig Kreuzer zwey Pferde Vorspann.

Nachts um 1 Uhr, den 31sten, kam ich zu Donaueschingen, der Residenz des Fürsten von Fürstenberg, an.

Der Fürst und seine Gemahlin leben mit Beobachtung all des Aeußeren, welches Volksbeherrscher umgeben soll, weit entfernt von dem Zwange der Etikette, der den Großen selbst, und denen, die sie umgeben, das Leben so lästig macht.

Der Hofstaat ist ansehnlich, das Nachtheilige voriger Administrationen ist aufgehoben und ausgeglichen, und die Unterthanen werden menschlich und sanft geleitet. Die eigentliche Residenz ist Mößkirchen. Donaueschingen war nur ein Jagdschloß. Die schöne Gegend und die vielen Etablissements, die nun gemacht sind, haben den Aufenthalt des fürstlichen Hauses hier bestimmt.

Die Vergnügungen des Hofes bestehen in der Musik, wovon der regierende Fürst Kenner und Liebhaber ist, der Jagd, die mit Einschränkung und ohne Nachtheil der Unterthanen behandelt wird, und dem Schauspiel. Der Fürst hat in der Musik sehr schätzbare Talente um sich versammelt, unter denen ich Herrn Konzertmeister Hampel, der von der Münchner Kapelle hieher gekommen ist, vorzüglich nenne.

Das Schauspiel und die Oper besteht aus jungen Männern und Frauenzimmern von dem Hofstaate und steht unter der Leitung der Fürstin. Die Vorstellungen werden frey, oder zum Besten der Armen gegeben. In beyden spielt die Fürstin mit. Herr Weiß und Herr Walter sind Sänger von Verdienst. Ersterer ist ein Schüler von Raff. Die Demoiselle Marquart und ein Fräulein, deren Namen mir entfallen ist, haben großen Umfang von Stimme und Talent für Schwierigkeiten.

Das Schauspielhaus ist allerliebst, weder zu groß noch zu klein. Ich freue mich, daß die Fürstin die Sturm- und Drangstücke nicht geben läßt, ohnerachtet der Raum des Theaters es nicht verbietet. Die Dekorationen sind geschmackvoll und schön, besonders ein großer Saal, den ich so schön und wirkend noch nirgend gesehen habe. Sie sind sämmtlich in Stuttgart gemahlt. Nachmittags hörten wir (Herr und Madam Beck traf ich hier wieder an) Konzert

Konzert bey Hofe. Hier fand sich der Bruder des Fürsten ein. Ein Herr, der bey guter Bildung, durch Bescheidenheit sich charakterisirt.

Dieser Nachmittag, welcher der Kunst gewidmet war, wurde durch angenehme Unterhaltung gutmüthiger und unterrichteter Menschen, durch Mittheilung von Kenntniß und Gefühlen edler Seelen so herzlich, als ich mich deren wenige erinnere gelebt zu haben.

Den 1sten April. Herr von Auffenberg hatte die Güte, uns eine Anlage des Fürsten, auf einem Berge, zwey Stunden von Donaueschingen, zu zeigen. Ehedem war hier das Bergschloß Wartenberg gelegen. Es ist ein Kammeralgut des Fürsten, welches er, da es unter der vorigen Regiernng der Familie von Lassolaye verschenkt worden war, wieder gekauft, verbessert, und einen Theil davon zu einem sehr angenehmen Garten angelegt hat. Ein bequemes, bürgerlich schönes Wohnhaus liegt auf der Höhe des Berges, und man hat von da eine vortreffliche Aussicht. Im Schloßhofe zu Donaueschingen ist die Quelle der Donau gefaßt. Sie fließt in vielen Krümmungen durch die Ebene hier vorbey. Man sieht das Stammhaus Fürstenberg in der Ferne, und rund umher eine Menge wohlhabender Dörfer.

Der Garten, der etwas weiter hin am Abhange des Berges liegt, hat alles, um in dieser schönen Natur, Vergnügen, Abwechslung, Schatten und Nutzen zu geben. Eine artige Einsiedeley ist in der Mitte angebracht. Die Alleen haben jedesmal gut gewählten Gesichtspunkt und Ausblick in weite Ferne. Man wird in diesem Garten oft von artigen kleinen Anlagen und Ideen der Eigenheit überrascht. Das Ganze ist ohne Forderung und vergnügt um so mehr.

Im Aufräumen der Ruinen hat man einen Brunnen entdeckt, der fast verfallen war. Da man sich beschäftigte ihn auszuräumen, drohte er den Einsturz. Es waren zwey Soldaten unten, und man rief hinab, sie möchten eilen in den Eimer zu steigen, der noch unten war. Der eine, der mehr nach oben zu war, rief dem andern hinunter:

„Bruder, steig du in den Eimer und „rette dich. Du hast Weib und Kinder, „ich bin ledig und will mich Gott befeh„len."

Er nöthigt ihn hinauf, und es war eben noch so viel Zeit, daß er nach ihm auch noch mit gerettet werden konnte. Daß unter so edlen Menschen, diese schöne Handlung nicht auf unfruchtbaren Boden gefallen ist, darf ich nicht erst versichern.

Abends war öffentliches Konzert bey Hofe, wo, mit Herrn Walter und Weiß, Madam Beck sich hören ließ. Sie gab Freude und empfing Freude. Man wollte einfachen großen Gesang, man bewunderte das Talent Schwierigkeiten auszuführen, und verlangte nicht diese kleinen Kleinigkeiten, welche der Deckmantel eines mittlern Talents, einer Versagung der Natur oder eines kleinlichen Geschmackes sind.

Ich habe viel stilles Vergnügen hier gehabt und bin ungern weggereiset.

Den 2ten um halb fünf Uhr früh, bin ich über Altingen, Balingen, Hechingen, Tübingen, Waltenbuch nach Stuttgart gereiset, wo ich Abends halb eilf Uhr im Römischen Kaiser ankam — Vor Hechingen sah ich die Feste Hohenzollern auf einem hohen Berge liegen. Ich empfand alles, was Meiners bey diesem Anblick empfunden hat.

Tübingen ist bey einer schönen Lage ein unangenehmer Ort. Was sogar die Bauern hinten in den Höfen haben, ist in vielen Gassen vor den Fenstern.

Den 3ten April sah ich durch die Sorgfalt derer, die mich freundschaftlich aufgenommen haben, die Sattelkammer, die ganz der bekannten Prachtliebe des Herzogs entspricht. Hierauf das Deutsche Komödienhaus und die Garderobe. Dann das große Opernhaus und die Garderobe. Diese letztere will in beyden Häusern wenig sagen. Aber wie herrlich sind die Dekorationen, welche ich im Opernhause von Servandoni und Kolomba gesehen habe! Welche Pracht, welcher große Geschmack und welche Täuschung! Dann sah ich auch noch das neue Schloß. Es ist zwar ein prächtiges Gebäude, aber die Rundung in der Hauptstiege bereitet nicht genug vor, und die ganze innere Einrichtung hat eine gewisse

Eintönigkeit, welche bald ermüdet. Das alte Schloß liegt gleich daneben. Freylich mit weit weniger Geschmack erbauet, aber ich sollte denken, mit mehr Gemächlichkeit.

Mittags erhielt ich Erlaubniß die Akademie zu sehen. Zuerst kamen wir durch die Zimmer der jungen Künstler, unter denen manches treffliche Talent war. Was mich aber am meisten anzog, und wobey ich so gern länger verweilt hätte, war, wie ich bey Herrn Müller sieben große Gemählde aus dem Amerikanischen Kriege in der Größe von Wolfs Tode sah, die er mit Meisterhand in Kupfer zu stechen begriffen war.

In dem Schlafsaale fiel mir auf, daß er so niedrig ist. Er ist sehr lang. Der Schlafsaal der Herrnhuter in Neuwied ist rund, und dieß scheint mir zur Uebersicht bequemer zu seyn. Der Speisesaal ist sehr geschmackvoll angelegt. Er ist oft beschrieben, ich sage daher nichts davon.

Die Herrn Offiziere, welchen die Aufsicht übergeben ist, und von denen ich Herrn Major Alberti näher kennen zu lernen das Vergnügen hatte, waren sehr gütig gegen uns. Sie verstatteten und beförderten es auf alle Weise, daß wir alles zu sehen bekamen.

Nach allem, was ich gesehen habe, bin ich von der möglichsten Sorge für Bildung und Gesundheit der jungen Leute vollkommen überzeugt. Dennoch würde ich nur Kinder von gewissen Anlagen oder Bestimmungen hieher geben, und diese nur auf gewisse, nicht zu lange Zeit. Einem verwöhnten Menschen Stärke zu geben, einen trägen Menschen zu erwecken, kenne ich nichts besseres. Aber einen jungen Menschen die Jahre, deren Eindruck auf die ganze Lebenszeit bleibt, ganz hier zubringen zu lassen, dafür würde ich nicht entscheiden. Die sanfteren Seelenstimmungen entwickeln sich nur im häuslichen Leben. Die immer unterdrückten Leidenschaften, immer beachteten, und meist von bejahrten Leuten beachteten Jugendneigungen, schaffen eine Nothwendigkeit des Heimlichseyns, des Verbergens, die leicht eine Unentschiedenheit oder eine bedenkliche Entschiedenheit des Charakters bewirken können. Dieß würde mich besorgt machen. Uebrigens behaupte Ich nicht, daß es so ist, ich sage nur, daß es mir so scheint.

Nachmittags war ich auf der Solitüde. Schade, daß so viele herrliche Sachen, da sie von Holz sind, durch die Ahndung der nahen Vergänglichkeit, dem, der sie sieht, eine trübe Empfindung geben. Wie sehr fühlte ich dieß in dem Lorbeersaale, der von Guibals Hand die schönen Deckenstücke hat!

Die grossen Pferdeställe sind nach denen zu Chantilly angelegt.

Das Hauptgebäude, darin aber der Herzog nicht wohnt, wenn er hier ist, ist doch von Stein. Die innere Einrichtung darf man nur durch die geöffneten Fenster sehen. Sie ist prächtig.

Von dem Dache der Solitüde hat man den Blick in eine Allee, welche gerade auf Ludwigsburg führt und über das schöne, reiche Würtenberger Land. Eine Aussicht ohne Gleichen, würde ich sagen, wenn ich nicht gerade vom Alpis käme.

Im Garten, der alles, nur kein Wasser hat, ist ein allerliebstes Chinesisches Gebäude mit vielen Kabinetten, und außer diesem noch mehrere Pavillons angelegt.

Unter einem Obdache ist die Statue des Herzogs zu Pferde in kolossalischer Grösse, mit Inschriften zu seinem Lobe. Sie ist von Stukaturarbeit und in Verfall.

Abends habe ich in einer musikalischen Uebung einiger Liebhaber Herrn Schütz, den Tenoristen des Hoftheaters, mit viel Geschmack singen hören.

Den vierten wollte ich das Naturalienkabinet der Akademie sehen, konnte aber aus Mißverstand des Aufsehers, der die uns erlaubte Stunde überhört hatte, dazu nicht gelangen.

Ich sah noch den Stall, der, wie das Land selbst, vortreffliche Pferde hat. Nachmittags hörte ich bey Herrn Hofmusikus Heberle Horn-Duette. Diese schöne Stunde war mir sehr werth. Ich habe lange niemand gehört, der dieses Instruments so sehr Herr wäre. Ein Echo wurde mit solcher Täuschung und Anmuth gegeben, daß ich lange glaubte, es sey in einem andern Zimmer. Es bewirkte eine rührende Stimmung in mir.

Die Schönheiten, welche der Herzog in Hohenheim anlegt, sieht niemand, ich sah sie also auch nicht. Nachts um eilf Uhr fuhr ich über Ludwigsburg, Heilbronn und Heidelberg nach Mannheim, wo ich den 5ten April Abends um sieben Uhr ankam.

Diese Nacht mußte ich nehmen, um den Tag wieder zu gewinnen, den ich den Ueberredungen meiner gutmüthigen Freunde in Stuttgart noch widmen mußte — und so von ganzem Herzen gewidmet habe.

Wie viele gute Menschen habe ich in Stuttgart kennen lernen!

Mögen die Bewohner dieses schönen Landes immerdar ihre treuherzige Sitte, und alte Redlichkeit behalten! Etwas Façon wird abgehen und viel Gehalt bleiben.

Das Thal von Nekargemünde auf Heidelberg zu hat Aehnlichkeit mit den Gegenden in der Schweiz — wie froh bin ich, daß ich von diesem Lande an die Ufer des Rheines zurück komme und nicht zu Sand und Tannen! — Aber bey Sand und Tannen wohnen Menschen, die mir über alles werth sind, Menschen mit großen edlen Herzen, und wir sind getrennt! — Das macht mir oft wehmüthige Stunden an den fröhlichen Ufern des Rheins!

Berechnung der Stationen, wie sie von einander entfernt sind.

	Stunden.
Von Mannheim auf Schwezingen	3
Von Schwezingen auf Waghäusel	4
Von Waghäusel auf Graben	4
Von Graben auf Karlsruhe	5
Von Karlsruhe auf Rastadt	6
Von Rastadt auf Böhl	4
Von Böhl auf Appenweiher	4
Von Appenweiher auf Offenburg	2
Von Offenburg auf Friesenheim	3
Von Friesenheim auf Kinzingen	6
Von Kinzingen auf Emmendingen	3
Von Emmendingen auf Freyburg	4
Von Freyburg auf Krotzingen	3
Von Krotzingen auf Mühlheim	3
Von Mühlheim auf Kalteherberge	3
Von Kalteherberge auf Basel	4
	61

Von Basel durch das Münsterthal auf Biel.

	Stunden.
Auf Reinach	1
Auf Aesch	½
Auf Grellingen	1
Auf Zwingen	1
Auf Lauffen	¾
Auf Sägmühle	½
Auf Liesperger Mühle	1½
Auf Saugeren	1
Auf Courandelin	1
Auf la Roche	1
Auf Motier Granval	1
Auf Court	1
Auf Bevillard	1
Auf Malleray	½
Auf Recouvillie	½
Auf Tavanne oder Tachsfelden	½
Auf Pierre Pertuis	¼
Auf Sonsabeau	¾
Auf zur Hütten	1

	Stunden.
Auf Ruchenette	$\frac{1}{2}$
Auf Bözingen	1
Auf Biel	$\frac{1}{4}$
	$17\frac{1}{8}$

Von Biel auf Bern.

Auf Nitau	$\frac{1}{2}$
Auf Bellmond	$\frac{1}{4}$
Auf St. Nicolas	$\frac{1}{4}$
Auf Hermelingen	$\frac{1}{4}$
Auf Bühl	$\frac{3}{4}$
Auf Arbergen	1
Auf Seedorf	1
Auf Raggweil	$\frac{1}{2}$
Auf Trumsperg	$\frac{1}{2}$
Auf Meykirch	$\frac{1}{2}$
Auf Orthschwaben	$\frac{1}{2}$
Von Neubrag auf Bern	$\frac{1}{2}$
	$6\frac{1}{2}$

Von Bern auf Luzern.

Von Bern auf Papiermühle	$\frac{3}{4}$
Auf Hindelbank	2

	Stunden,
Auf Kilchberg	$1\frac{1}{4}$
Auf Koscheberg	$1\frac{1}{8}$
Auf St. Nicolas	$\frac{1}{8}$
Auf Hochstetten	$\frac{1}{4}$
Auf Hellsau	$\frac{1}{4}$
Auf Seeberg	$\frac{1}{4}$
Auf Oberens	$\frac{5}{8}$
Auf Herzogenbuchsee	$\frac{5}{8}$
Auf Buzberg	$1\frac{1}{2}$
Auf Altherberg	1
Auf Wynau	$\frac{3}{8}$
Auf Murgenthal	$\frac{1}{8}$
Auf Rotherist	$1\frac{3}{4}$
Auf Zofingen	$\frac{1}{2}$
Auf Adelboden	$\frac{3}{4}$
Auf Reyden	$\frac{1}{2}$
Auf Tagmersellen	$\frac{3}{4}$
Auf St. Erhard	$1\frac{1}{4}$
Auf Sursee	$\frac{1}{2}$
Auf Oberkirch	$\frac{1}{2}$
Auf Noltweil	1

	Stunden.
Auf Neukirch	1 $\frac{1}{4}$
Auf Emmenbrug	1 $\frac{1}{4}$
Auf Luzern	1
	20 $\frac{7}{8}$

Von Luzern auf Zürch.

Auf Ebiken	1
Auf Dinricken	$\frac{1}{4}$
Auf Roth	$\frac{1}{2}$
Auf Hanau	$\frac{1}{2}$
Auf St. Wolfgang	1 $\frac{1}{2}$
Auf Knonau	1 $\frac{1}{4}$
Auf Riferschweil	$\frac{3}{4}$
Auf den Alpis	1 $\frac{1}{2}$
Auf Adlischweil	1
Auf Wollishofen	$\frac{1}{2}$
Auf Zürch	1
	10

Von Zürch auf Schafhausen.

Auf Oerliken	$\frac{1}{2}$
Auf Glattbrug	$\frac{3}{4}$

	Stunden.
Auf Kloten	$\frac{1}{2}$
Auf Seel	1
Auf Lachenbülach	$\frac{1}{2}$
Auf Bülach	$\frac{1}{2}$
Auf Eglisau	$1\frac{1}{4}$
Auf Rafz	1
Auf Lottstetten	1
Auf Jnstetten	1
Auf Schafhausen	$1\frac{1}{2}$
	$9\frac{1}{2}$

Von Schafhausen auf Donaueschingen.

Aufs Zollhaus	5
Auf Donaueschingen	3
	8

Von Donaueschingen auf Stuttgart.

Auf Altingen	6
Auf Balingen	6
Auf Hechingen	3
Auf Tübingen	5

	Stunden.
Waltebuch	4
Stuttgart	4
	28

Von Stuttgart auf Mannheim.

Auf Ludwigsburg	3
Auf Heilbronn	8
Auf Fürfelden	4
Auf Sinzheim	4
Auf Heidelberg	7
Auf Mannheim	4
	30

Die ganze Reise macht also 191 Stunden, und hat mir zu Zweyte, mit allen Nebenunkosten von Zehrung, Trinkgeldern und andern Kleinigkeiten, 32 Karolins oder dreyhundert zwey und funfzig Gulden Reichsgeld gekostet.

FSC
www.fsc.org
MIX
Papier | Fördert
gute Waldnutzung
FSC® C083411

Zeitfracht Medien GmbH
Ferdinand-Jühlke-Straße 7
99095 Erfurt, Deutschland
produktsicherheit@kolibri360.de